우리아이
진로
공부

10년 후 아이와 부모가 행복해지는
진로를 디자인하라

우리아이
진로
공부

이주연 지음

황소북스

꿈, 진로, 그리고 지금 이 순간

장기 이식이 보편화하고, 기계나 금속을 신체에 이식한 트랜스 휴먼과 집안일까지 해주는 안드로이드 로봇이 등장한다. 인간 대부분이 100세 넘게 사는 센티네리언 시대가 열리고, 그로 인해 식량난이 닥쳐 화성 우주 기지를 식량 보급 창고로 이용한다. 웨어러블 디바이스의 발달로 다른 문화권 사람들과 자유롭게 소통할 수 있고, 하늘에는 자동차가 날아다닌다. 바로 우리 아이들이 살아갈 세계의 모습이다. 게다가 2030년의 모습이라고 하니 10년 남짓밖에 남지 않았다. 2018년 현재 중학교에 다니는 학생이 사회에 진출해 한창 직업을 구해야 할 나이다.

한편 이런 시대를 살아야 할 아이들은 다양한 경험으로 세상을 바꾸는 창의 융합형 인재가 되어야 한다. 또 인공지능이 대체할 수 없는 소통과 배려를 배워야 미래에 대비할 수 있다고들 말한다. 대중매체에서는 이런 시대에 학교는 무엇을 하느냐며 공공연하게 걱정의 소리가 높다.

학교나 연구소로 찾아오는 학부모의 이야기를 들어보면 학교에서 어떻게 하면 좋은 성적을 얻을 수 있는지, 어떤 대학과 어떤 과로 진학하면 좋을지 고민하는 분들과 전인적 교육이 중요하니 대안 학교나 이민을 생각하는 분들까지 있어서 그 고민의 범위는 극과 극임을 알 수 있다. 이런 걱정을 하는 사이에도 우리 아이들은 당장 학교에 다녀야 하고 공부를 왜 이렇게 많이 해야 하는지 답답해하는 동안 10대가 지나간다. 사회가 요구하는 인재상과 부모의 걱정, 아이들이 힘들어하는 이유가 서로 맞지 않는 톱니바퀴 같은 느낌이다. 교육 정책이나 교육 과정을 입안하고 적용하기까지는 보통 수년의 세월이 흐르기 마련이고 그러는 동안 아이들은 학교를 졸업한다.

그렇다면 변화해야 한다는 커다란 명제는 계속 논의를 하면서 아이들이 당장의 현실에 충실할 수 있는 구체적인 방법은 없을까? 나는 사범대학에 입학한 스무 살부터 따지면 30년 동안 교육 분야 한가운데에서 살고 있으며 교육자이자 두 아이의 엄마로서 이 문제를 가슴 깊이 담고 지내왔다. 사람은 자신의 몸을 관통한 것을 이야기할 때 힘이 생긴다. 나 자신이 겪었던 진로에 대한 고민, 두 아이를 양육하면서 겪었던 성향과 진로의 차이, 공교육과 학교 밖에서 지내온 30년이란 시간을 토대로 여러분과 소통하고 싶은 손길을 내밀어본다.

내가 도달한 결론은 공부를 잘해야 진로를 찾을 수 있는 것이 아니라 진로를 찾는 과정에서 자신에게 맞는 공부법과 논리적으로 사고하는 생활 습관 등이 함께 만들어질 수 있다는 것이다. 자신의 미래인 진로와 지금 두 발을 디디고 있는 현실을 함께 보고 움직여야 한다.

《우리 아이 진로 공부》에서는 우리 자녀가 학교에 다니고 있다는 아주 현실적인 전제에서 시작한다. 그래서 학교생활이라는 기본에 충실하면서 그 안에서 보완할 수 있는 프로그램과 좋은 자료들을 활용하는 것이 현실적이라고 생각한다. 세상을 바꾸는 창조적인 질문을 하기 위해서는 기본적인 지식과 개념을 학교 교육에서 익히고 그 교육 과정과 연계해서 가정과 사회에서 학습 활동을 확대해나가는 것이 중요하다. 학교는 단순히 지식을 전달받는 학습의 장에만 그치는 것이 아니라 공동의 학습 활동과 교우 관계 등을 통하여 소통과 사회성을 배우는 중요한 장이기 때문이다. 게다가 학교를 다니는 아이들은 하루의 대부분을 학교에서 보낸다. 그 많은 시간을 무의미하게 보내고 상대적으로 얼마 되지 않는 다른 시간과 장소에서 무언가 특별한 것을 찾는다면 이건 노력과 자원의 낭비이다. 학교에서 수업 시간과 각종 체험 활동 시간, 또는 점심시간에 함께 밥을 먹고 쉬는 시간에 수다를 떨면서도 많은 것을 배울 수 있다. 이 모든 것은 소소한 일상에 다 녹아 있다.

이 과정에서 우리 아이들이 선생님과 부모님 그리고 멘토와 소통하고 자신에 대한 문제의식을 갖는 연습을 할 수 있도록 조언을 아끼지 않아야 한다. 기본에 충실하면 그것이 어떤 형태로 나타나도 적응할 수 있다. 그 기본의 시작은 지금 이 순간에 있다. 이 순간에 아주 조금씩이라도 변화하는 차이에 집중하다 보면 시간이 좀 지나 어느새 발전되어 있는 모습을 볼 수 있다.

"정규 과목을 들을 필요가 없기 때문에 서체 수업을 들었습니다. 그때 저는 세리프와 산세리프체의 여백과 다양함 등 무엇이 위대한 글자체의 요소인지에 대해 배웠습니다. (중략) 이 중 어느 하나라도 제 인생에 실질적으로 도움이 될 것 같지는 않았습니다. 그러나 10년 후 우리가 첫 번째 매킨토시를 구상할 때 그것은 고스란히 빛을 발했습니다. 우리가 설계한 매킨토시에 그 기능을 모두 집어넣었으니까요.

그것은 아름다운 서체를 가진 최초의 컴퓨터였습니다."

스티브 잡스가 당장은 도움이 될 것 같지 않은 공부지만 세리프체와 산세리프체의 아주 작은 차이에 집중했다는 이야기를 주목할 필요가 있다. 이런 원리는 공부, 대화법, 행동의 습관 등 일상의 행동, 사고 습관에까지 적용할 수 있다. 이렇게 현실에 충실하면 미래인 자신의 진로와 직결된다.

나는 아이들에게 그날의 공부가 쌓이지 않도록 하자고 이야기한다. 어른들에게도 '오늘 할 일 여기까지'라고 말씀드린다. 그렇게 하루하루 살아가면서 자신이 무엇을 좋아하고 잘하는지, 어떤 사람인지 질문하다 보면 여러 갈래의 길 중 하나가 보이고, 마침내 그 길을 걸어갈 수 있다. 상담과 강연을 할 때 항상 느끼지만 아이들은 내가 걱정했던 것만큼 산만하지 않다. 눈을 동그랗게 뜨고 공부법과 진로에 대한 강의에 집중하는 모습을 보면 이 아이들이 얼마나 자신들의 미래를 걱정하는지 알 수 있다. 아이들을 믿어야 한다.

세상을 바꾸기 위해서는 창의적인 질문을 해야 한다고들 한다. 어떻게 하면 창의적인 질문을 할 수 있을까? 그건 일상에서 매사에 궁금한 마음을 갖는 것에서부터 시작한다. 가정에서 아이들이 스스로 생각하고 질문하는 연습을 할 수 있는 분위기를 함께 만들어보면 어떨까? 그리고 아이들에게 공부와 성적에 관한 이야기만 물어보지 말고 부모로서 아이에게 진정으로 궁금한 것이 무엇인지 스스로 물어보는 연습을 하는 것도 좋다. 이렇게 스스로 생각하고 소통하는 것은 어느 교재에 있어서 외울 수 있는 것도 아니고 학원 특강에서 단기간에 완성할 수 있는 것도 아니다. 이렇게 가정에서 부모님과 함께 하는 대화, 소통, 습관의 중요성을 놓치면 안 된다고 말씀드리고 싶다.

아이와 부모님과 선생님이 기본에 충실하게 묵묵히 한 걸음 한 걸음 나아가는 것을 몸으로 익히도록 하자. 진로(進路), 즉 큰 흐름의 길의 방향성을 잡고 일상에 집중하자. 이것을 실천할 수 있는 방법을 이 책에서 알려드리려고 한다. 결국 이 책의 키워드는 '현실, 지금 이 순간!'이다.

2018년 4월 봄날,
짙은 연두색의 새순을 바라보며,
이주연 드림

CONTENTS

1

진짜로 내가
원하는 것은 무엇일까?

가슴을 흔드는 꿈이
인생을 바꾼다

가슴을 흔드는 꿈이 인생을 바꾸게 하고 싶은가?

그렇다면 감내하고 통과해야 할 것들이 있다. 우리 아이들은 자신의 꿈과 그 꿈을 이루기 위한 현실 사이에서 얼마나 힘든 시간을 보내고 있을까. 마음이 힘들면 몸으로 나타나기도 한다.

필자의 큰아이는 고등학교 3학년 때 보는 첫 모의고사에서 과민성 대장 증상 때문에 시험을 망치고 수능을 볼 때까지 약과 유산균을 달고 지냈다.

큰아이는 매사에 크게 싫다는 표시를 하지 않고 커왔다. 그런 아이가 고등학교에 자연 계열로 입학해서 1년 반 정도 지난 2학년 여름 방학 후, 도저히 자연 계열 공부를 하기 힘들다고 선언했다. 학교에 가서 담임선생님과 교장선생님까지 만났는데 학년 중간이어서 교실을 옮길 수 없다고 했다. 그러면 자습할 수 있는 곳으로 보내달라고 부탁드렸지만 다른 아이들과의 형평성 때문에 안 된다고 했다. 당시 나는 얼마나 가슴이 답답했는지 모른다. 자연 계열 교실에서 뒤에 앉아 혼자 인문 계열 공부를 하는 아이 모습을 생각하면 기가 막혔다. 하지만 엄마인 내가 해줄 수 있는 게 거의 없었다. 게다가 큰아이는 남자애 특유의 목소리로 정색을 하면서 이렇게 말했다.

"엄마, 학원 정보든 뭐든 필요하면 말씀드릴게요! 공부는 제가 알아서 할 거예요."

둘째인 지윤이도 한마디 했다.

"엄마, '~ 해줄게'라고 하지 말고 '~ 해줄까'라고 하면 좋겠어."

이런 얘기를 들은 후 나는 아이들의 '분부'만을 기다렸다. 지금껏 아이들의 의지나 희망과 상관없이 '내가 무엇을, 어떻게 해주어야 하나' 하며 나 혼자만의 생각으로 조바심을 내며 행동했는데, 이런 것들을 자제하려고 노력했다. 사실 부모는 자신의 감정대로, 자신이 하고 싶은 대로 아이들을 대할 때가 많다. 정작 아이가 부모를 필요로 할 때와 자기 힘으로 충분히 할 수 있어 부모의 도움이 그다지 필요하지 않을 때를 분별하지 못할 때가 많다. 적어도 나는 그랬던 것 같다.

그런데 아이들이 원하고 정말 필요로 할 때 도움을 주는 게 중요하다는 것을 알았다. 정확하게 말하면, 그걸 실천하기 시작했다. 그때까지 머리로는 알면서도 실천을 잘 못했는데 말이다. 그건 아이들이 나에게 가르쳐준 것이다. 이렇게 아이는 나보다 훨씬 어른스러운 모습으로 오히려 내 곁을 지켜주는 경우가 많다. 내가 엄마라는 이름으로 '나대는 것', '설치는 것'을 조심해야겠다고 생각하자 아이들과의 사이가 더 좋아지고 아이들은 더 강해졌다.

부모와 자녀뿐 아니라 타인과의 관계도 마찬가지라고 생각한다. 타인이 진정으로 필요로 하는 것을 해주려고 노력하는 게 더 중요하다. 이는 매우 힘든 일이다. 그러기 위해서는 관심과 애정을 갖고 지켜보며 감정을 절제해야 하기 때문이다.

수험생 아이들에게 흔한 병 1

뭐든 필요하면 이야기하겠다던 재윤이는 고3이 되어 첫 모의고사를 보던 중 화장실에 가야 하는 사태가 생겼다. 과민성 대장 증세였다! 그 후 11월 수능시험 때까지 괜찮아져서 마음을 놓았다 싶으면 반복되는 증상에 시달렸다. 수능시험 열흘 전부터는 아예 약을 먹고 지냈는데, 시험이 끝나자마자 언제 그랬냐는 듯 증세가 사라졌다.

수험생 아이들에게 흔한 병 2

둘째 지윤이는 고등학교 2학년 여름 방학 때 칫솔질을 하면 헛구역질이 나온다고 해서 깜짝 놀랐다. 간이 안 좋은 가족력이 있어 당장 병원에 가서 혈액 검사를 비롯해 정밀 진단을 받았는데 아무런 이상이 없다고 했다. 그 후로 명치끝이 아픈 증상, 속이 더부룩하고 소화가 안 되는 증상이 반복되었다. 의사의 최종 진단은 '신경성 위염'이었다. 오빠와 마찬가지로 약이 필요 없는 병이었다. 약을 먹어서 낫는 병이면 덜 답답할 텐데, 말 그대로 '신경성'이라는 병명이 붙은 증상은 정말 부모 속을 까맣게 태운다.

아무리 마음을 편히 가지면 낫는다고 하지만, 그게 어디 말처럼 쉬운 일인가. 2학년 말쯤에는 아예 밥도 못 먹었다. 소화를 못 시키고 계속 트림을 했다. 바늘로 위를 쿡쿡 쑤시는 것처럼 아프다고 하소연했다. 상황이 이러니 공부는 고사하고 학교나 제대로 갔으면 좋겠다는 생각만 가득했다. 하루하루가 얼음 위를 걷는 것 같았다. 그런데 지윤이도 수능시험이 끝나자 거짓말같이 증세가 없어졌다.

내가 원하는 걸 얻기 위해 거쳐야 하는 것

지윤이는 외국어고등학교에 들어가겠다는 한결같은 마음으로 노력을 했다. 그리고 마침내 자신이 원하던 학교에 입학했다. 그런데 첫 번째 영어회화 수업이 있던 날 지윤이는 엄청 당황했다.

3월 첫 주 금요일 밤, 아이가 피곤한 얼굴로 스쿨버스에서 내렸다. 보통은 그날 일과를 조곤조곤 이야기하는데, 아이가 한숨부터 내쉬었다. 얘길 들어보니, 외국인 영어회화 선생님이 모둠을 조직해 영어로 토론을 하라고 했단다. 그리고 모둠에서 한 명씩을 뽑아 자신의 조에서 이야기한 내용을 요약해 발표하라고 했다. 한국말로 요약해서 발표하는 것도 어려울 수 있는데 영어로 하라니……. 지목을 받은 지윤이는 교실 앞으로 나갔지만, 너무 당황스럽고 떨려서 입이 떨어지지 않았다. 지윤이는 그때부터 3년 내내 영어로 발표할 때마다 식은땀을 흘리며 힘들어했다. 영어를 좋아해 입학한 외고에서 영어에 대한 울렁증이 생긴 것이다. 그런데도 대학교는 영어교육과로 입학을 했으니, 부모로서 한편으론 기특한 마음이 든다.

지윤이는 중학교 때 아이들을 대표해 원어민 선생님과 항상 영어로 이야기하던 아이였다. 그런데 고등학교 1학년 첫 영어회화 수업 때 생긴 사건 이후부터는 여러 사람 앞에 서면 심하게 손발을 떠는 증상을 보이기 시작했다. 영어뿐 아니라 어떤 형태든 발표를 할 때는 심리적으로 많이 힘들어했다.

다행히 지윤이는 포기하지 않았다.

"엄마, 여러 사람 앞에서 내가 알고 있는 것을 그냥 이야기한다고 생각하면 되는 것 같아."

"내가 발표자로 뽑힌 건 그 내용을 잘 알기 때문이야. 그러니 내가 아는 것만큼 이야기하면 그만이지 뭐."

"한 사람이라도 내 이야기를 들어주면 그것으로 충분한 거지."

지윤이는 이런 말을 하면서 조금씩 나아지기 시작했다. 이런 걸 깨닫기까지 얼마나 마음을 다지고 또 다졌을까? 뭔가에 대해 깨달아도 그걸 실천하고 제대로 표현하려면 엄청난 노력과 시간이 필요한 법이다. 지윤이는 그렇게 마음으로 수없이 발표 연습을 했다. 많이 하면 할수록 극복할 수 있다고 생각했기 때문에 발표 기회를 한 번이라도 더 가지려고 애썼다. 다른 친구들은 자료를 준비해 한 번 발표하기도 버거워하는 내용을 두 번씩 신청하기도 했다. 지윤이는 그렇게 실패의 경험에서 벗어나고 싶어 했다. 담당 선생님과도 여러 번 허심탄회하게 이야기하며 자신을 변화시키려 노력했다.

그런 과정은 자신을 놓아버려야 가능한 일이다. 지윤이는 발표를 한 번이라도 더 하려 하는 자신을 아이들이 어떻게 판단하든지 상관하지 않았다. 바보 취급을 받아도 좋다고 생각했다. 그 얘길 들으니 가슴이 뭉클했다. 자신이 진정 원하는 것을 하기 위해 노력하는 모습이 대견스러웠다. 한편으론 남들은 겪지 않아도 되는 힘든 과정을 스스로 선택한 딸이 안쓰럽긴 했지만 말이다. 그래도 어쩌겠는가. 영어 울렁증이 있다고 해서 좋아하는 영어를 포기할 수는 없으니 꾹 참고 그 과정을 견뎌야 한다.

꿈을 현실로 만드는 일과 관련해 지혜로운 사람들이 공통적으로 하는 이야기가 있다. 지금 하고 있는 일을 참고 버티면서 동시에 자신의 꿈에 도전하라는 것이다. 이상만 좇으며 지금의 현실을 가볍게 여겨서는 안 된다. 현실을 딛고 참아내는 내공이 필요하다.

2

진짜로 내가
원하는 것은 무엇일까?

중학생인 아이와 아이스크림 가게를 갔다고 하자. 먹고 싶은 아이스크림을 고르라고 하는데, 아이가 선뜻 선택을 하지 못한다. 엄마는 아이스크림 하나 고르는데 뭐가 그리 힘드냐고 아이를 채근한다. 이때 그 아이의 마음은 어떨까? 아이가 자신이 원하는 것에 대해 충분히 생각할 기회를 주고, 그 선택한 것에 대해 자신이 판단할 수 있도록 하는 것은 매우 중요하다. 우리는 어쩌면 아이들에게 아이스크림조차 선택할 시간과 여유를 주지 못하고 있는지도 모른다. 아이와의 수많은 일상을 그렇게 보내고 있는 것은 아닐까? 오히려 아이들의 자립적인 선택권을 방해하면서 말이다.

아이가 뭘 골라야 할지 몰라 주저할 경우, 부모는 아이스크림을 하나씩 보여주고 물어보면서 기다려주는 것이 중요하다. 어렸을 때부터 여러 가지 경우의 수 중에서 무엇을 어떻게 선택하는 게 최선인지 공부할 기회이기 때문이다. 이때 부모가 답답해하거나 주변 시선을 의식해 기다려주지 못하고 대신 골라주면 아이는 스스로 결정할 기회를 잃는 셈이다. 아울러 그 결정에 대한 결과, 즉 맛을 보고 이것은 맛이 있으니 앞으로 또 먹고 싶다거나 저것은 맛이 없으니 앞으로 먹지 말아야겠다는 자신만의 작은 성공 데이터를 쌓지 못한다. 이런 작은 성공 경험을 쌓아야 자존감 또한 높아진다.

어찌 보면 아이스크림 고르는 선택권을 주는 것이 좋은 학원을 고르는 일보다 더 중요할 수 있다. 아이가 진짜로 원하는 게 무엇인지 찾기 위해서는 일상 속에서 자신이 결정하고, 그 결과를 직접 판단하도록 하는 것이 좋다. 오랜 시간에 걸쳐 이런 경험 데이터가 쌓여야 훗날 자신이 좋아하는 일과 진로를 선택할 때 마음속 깊은 곳에서 힘이 생긴다. 사실 어른들조차 자신이 좋아하고 원하는 게 무엇인지에 대한 질문을 받으면, 확신을 갖고 대답하는 경우가 그리 많지 않다. 좋아하는 것의 한계도 불분명하고, 원하는 것 또한 마찬가지다. 이렇게 막연한 것일수록 구체화하는 것이 필요하다.

자신이 원하는 것을 구체화하는 방법

수없이 떠다니는 머릿속의 생각이나 느낌을 구체화하는 방법을 살펴보자.

첫째, 최근 어떤 생각을 많이 하고, 어떤 행동을 많이 했는지 적어보자. 예를 들어 요즘 미술 전시회 광고가 유독 눈에 많이 띄고, 어떤 건물에 들어가면 장식용 그림 액자가 좋아 보일 수 있다. 그렇다면 미술 계통에 관심과 흥미가 생겼다는 걸 의미한다.

둘째, 무엇을 하며 살고 싶은지, 혹은 무엇을 하며 어떻게 시간을 보냈으면 좋겠는지 적어보자. 그런 다음 일정한 기간이 지난 후 그동안 자신이 무엇을 하며 어떻게 시간을 보냈는지 구체적으로 비교해본다. 그렇게 하면 내가 바라는 나와 실제로 실천하고 있는 나 사이의 차이가 극명하게 드러날 것이다. 자신의 행동과 생각 그리고 감정을 아는 것이 자기를 발견하는 데 좋은 길잡이일 수 있다. 스스로 판단하는 연습을 하는 것 또한 교육에서 매우 중요한 부분이다.

셋째, 내가 좋아하는 일은 무엇인지, 남이 나에게 잘한다고 하는 일은 무엇인지 적어본다. 여기서 나오는 공통점이야말로 주관과 객관이 동일시하는, 자신이 정말 잘하고 좋아할 수 있는 일이다. 물론 자신이 좋아하는 일을 반드시 잘하는 것은 아니다. 또 그것을 찾아내는 시기도 사람마다 다르다. 어떤 사람은 그걸 알지 못한 채 평생을 살아갈 수도 있다. 이런 것을 단순히 직업에 국한하지 말고 큰 그림으로 보는 연습 또한 필요하다.

꿈은 좀 더 의미 있고 큰 그림이어야 한다. 예를 들어, 몸이 아픈 사람을 도와주고 싶다는 꿈을 갖고 있다고 하자. 그 꿈을 이루기 위해서는 의사, 간호사, 약사, 운동 트레이너, 한의사, 약초 연구가 등 다양한 직업을 선택할 수 있다. 아울러 이러한 직업을 선택할 때는 자신의 역량과 흥미, 환경 등 여러 가지 요인이 함께 작용한다.

몸이 아픈 사람을 도와주고 싶다는 꿈을 가지고 있는 두 학생이 있다고 가정하자. 한 학생은 학업 성취도가 높고 환경 또한 의대 진학을 지원받을 수 있다. 그래서 의대에 진학하게 되었다. 다른 한 학생은 운동하는 것을 좋아하고 대학 진학 대신 자신의 건강을 개선하려 노력하는 과정에서 다른 사람에게 도움을 줄 만큼의 열정과 능력을 갖추었다. 이럴 경우 두 학생은 모두 자신의 꿈을 서로 다른 직업을 통해 이룬 셈이다. 의사가 된 사람은 의료 활동을 통해 환자에게 도움을 줄 수 있다. 운동 트레이너가 된 사람은 체력이 떨어지거나 이유 없이 아파하는 사람들에게 몸이 좋아지고 체력도 향상시킬 수 있는 구체적이고 실질적인 방법을 제공할 수 있다. 이렇게 두 사람은 모두 자신의 일에서 자부심을 느낄 수 있다.

자신이 진짜로 원하는 걸 안다는 것은 자기 자신을 알고 미래의 진로 문제는 물론, 그 진로로 나아가기 위해 현실에 집중하는 공부법까지 포함한다. 자신의 진로에 대해 생각하고 그 방법을 모색하다 보면 공부에 대한 의욕이 생긴다. 학생으로서 지금 당장 할 수 있는 공부는 앞으로의 진로와 직업, 곧 진정 자신이 원하는 꿈을 이루어가는 과정이다. 마치 우리가 어릴 때 받은 종합 선물 세트처럼 말이다.

3

꿈꾸는 사람의
하루는 다르다

지난 2015년에 재미있는 달력이 만들어졌다. 꿈을 포기한 것처럼 보이는 노숙자들이 자신의 꿈을 되찾는 일을 돕기 위해 365명이 하루씩 채워 완성하는 달력 프로젝트를 진행한 것이다. 도시 빈민과 노숙인에게 무료 급식 봉사 활동을 하는 단체 '바하밥집'에서 3년간 밥 퍼주는 봉사를 해온 '아트랩 꿈 공작소' 최성문 작가의 아이디어로 시작한 일이다.

신영복 성공회대 교수는 붓글씨로 '하루를 쓰다'의 머리글을 적었다. 2015년의 첫날을 의미하는 '1'은 바하밥집을 통해 자활에 성공한 손성일 씨가 썼다. 밥집을 찾는 노숙인들이 1월의 숫자와 서명을 적었다. 이후 최 작가는 달마다 그룹을 정해 달력에 들어갈 숫자와 서명을 받으러 다녔다. 2월에는 안산에 거주하는 외국인 노동자를 찾아갔고,

3월에는 최 작가의 SNS 친구들에게 재능 기부를 요청했다. 4월에는 세월호 참사와 4.19혁명 등 기억해야 할 일이 많았다. 어린이날이 있는 5월에는 동심들이 삐뚤빼뚤한 글씨로 상상력을 발휘했다. 전쟁의 상처가 남아 있는 6월에는 탈북 새터민을 찾아갔고, 7~8월에는 평화를 꿈꾸는 사람들과 장애인에게 숫자와 서명을 받았다. 수확의 계절 9월엔 농부들이 나섰다. 10월은 광장에 나온 시민들에게 하루하루를 채워 달라고 부탁했고, 11월은 병동에서 암과 싸우는 환자들이 채웠다.

'하루를 쓰다' 프로젝트는 단순히 달력을 만드는 데 그치지 않고 이야기와 노래, 전시로 이어졌다. 달력은 매일 뜯어 쓸 수 있는 일력과 탁상용·벽걸이용 월력 등 다양한 형태로 만들었는데 판매 수익금은 노숙인의 자활 기금으로 사용했다. 자신의 하루를 직접 쓰는 행위는 곧 그 하루에 생명을 불어넣는 의식이라고 할 수 있다.

2016년 11월 11일 KBS에서 방영한 〈명견만리〉에서는 4차 산업혁명이 요구하는 인재로서 '데이터 공학자'를 다루었다. 여기서 공학자는 학문적 개념으로서 데이터 전문가뿐만 아니라 무슨 일을 하든 자신의 데이터를 정리해서 의미 있게 발전시킬 수 있는 능력을 가진 사람을 뜻한다. 이와 관련해 '하루를 쓰다' 프로젝트 역시 각자 자신의 하루를 돌아보며 그 의미를 되새긴다는 점에서 4차 산업혁명이 요구하는 인재상을 적용시키는 예라고 할 수 있다. 게다가 이 작업은 우리 사회 각양각층의 많은 사람이 합심해 참여한 프로젝트였다. 아울러 단순히 달력을 만드는 것뿐 아니라 전시회, 동영상 등과 연계해 수익을 창출했다. 이는 어떤 면에서 경제 활동의 고정관념을 깬 것이기도 하다. 이런 발상의 전환이 미래 시대를 살아가야 하는 우리 아이들에게도 필요하다. 의사, 판검사, 공무원, 대기업 사원, 사업가 말고도 우리 아이들이 살아갈 시대는 훨씬 더 다양한 직업이 펼쳐질 것이다. 공평하게 주어지는 하루 24시간, 그 하루가 모여서 한 달이 되고 1년이 된다. 그 하루는 우리 각자에게 어떤 의미가 있는가?

자기 분야에서 성공했다고 알려진 사람들의 인터뷰를 보면 공통적으로 말하는 것이 있다.

"꼭 어떤 사람이 되겠다는 생각을 특별히 했던 것은 아니에요. 하루하루 주어진 일에 집중하다 보니 어느 순간 그렇게 됐어요."

그들이 집중한 그 하루하루 동안 무슨 일이 벌어진 걸까?

꿈꾸는 사람들의 하루는 다르다.

하루를 시작할 때는 무슨 일을 어떻게 해야 하는지, 그 계획과 실천을 구체적이고 명확히 해야 하다.

우리 아이가 남다른 하루를 살아가는 방법 2가지

가령 기말고사를 2주일 정도 앞두고 있다고 하자. 과목에 따라 분량은 어느 정도인지 계산이 나올 것이다. 이때 첫째, 우선 공부 계획을 달력이나 다이어리 또는 종이에 써서 책상 앞에 붙여놓는다. 그 많은 공부를 언제 다 하지, 하는 생각은 접어둔다.

둘째, 공부의 양이 너무 많으면 기본적인 내용으로 잘게 나눈다. 이를테면 자신이 공부해야 할 양을 대단원, 중단원, 소단원으로 나누는 것이다. 이렇게 공부할 양을 나누면 좀 더 가볍게 시작할 확률이 높아진다. 이때 난이도가 높은 게 아니라 일단 자신이 할 수 있는 기본적인 것부터 시작하는 것이 중요하다.

나누는 데 어려움이 있다면 오늘 공부할 것에 집중해보자. 학교의 교육 과정은 하루에 공부하는 내용을 진도에 따라 이미 잘게 나누어 놓았다. 그러니 그날그날 학교 공부를 따라가면서 차근차근 스몰 스텝으로 공부할 수 있다. 머리가 복잡해질 때는 '에라 모르겠다. 오늘 해야 할 숙제부터, 복습부터 하자' 하는 마음으로 바로 눈앞에 닥친 것에 집중한다. 그러다 보면 어느 순간 '어, 이만큼 했네!' 하는 느낌이 들 것이다. 이것이 성취감이다. 이런 성취감이 마음속 깊은 곳에서 느끼는 내적 동기다. 내적 동기가 형성되면 공부에 대한 재미를 느낄 수 있다.

이렇게 하루하루, 지금 이 순간에 집중하는 것이다.

그러면 알게 될 것이다, 역시 꿈꾸는 사람의 하루는 다르다는 것을.

꿈, 공부, 진로 세 가지의
연결 고리를 찾아라

중학교에서는 자유학기제를 2016학년부터 전면적으로 실시하고 있다. 2018년부터는 한 학기를 더 늘려서 자유학년제를 시행한다. 자유학기제나 자유학년제는 '중학교 교육 과정 한 학기 동안 학생들이 중간·기말고사 등 시험 부담에서 벗어나 꿈과 끼를 찾는 다양한 체험활동을 하도록 교육 과정을 유연하게 운영하는 제도'를 말한다.

교사들을 대상으로 진로에 대한 강의를 하던 중 한 선생님으로부터 다음과 같은 질문을 받은 적이 있다.

"작가님, 제가 아이들을 대상으로 수업할 때 꿈이 무엇이냐고 물으면 엉뚱하게도 공부를 못한다는 대답을 하곤 하는데, 이럴 때는 어떤 말을 해주어야 하나요?"

실제로 아이들은 자신의 꿈을 펼치려면 무엇보다 공부를 잘해야 한다고 생각하는 경향이 있다. 사실 공부를 잘 못해도 자신의 인생을 야무지게 걸어가는 아이들이 많은데 말이다. 우리는 공부 못하는 학생을 패배자로 봐서는 절대 안 된다. 그들의 가능성은 무궁무진하기 때문이다. 하지만 지금 초·중·고등학교 학생이라면 공부란 걸 한 번 열심히 해볼 필요는 있다. 공부를 잘하면 여러 가지 기회를 얻을 가능성이 그만큼 많아지기 때문이다.

이와 관련해 나는 공부를 잘해야 자신이 원하는 진로를 찾을 수 있다는 말보다 자신에게 맞는 진로를 찾으면 공부를 열심히 하고 싶어진다는 얘기를 하고 싶다. 그런 의미에서 미래의 진로는 현재 이 순간의 공부하는 일상과 연결되어야 한다.

외부에서 주어지는 다양한 경험과 함께 학생들의 꿈에 맞는 진로를 찾는 데는 다양한 요인이 작용한다. 먼저 본인의 잠재의식 속에 있는 재능이나 느낌 등이 작용할 수도 있다. 또한 재미와 흥미를 가져야 하고, 남들과 차별화된 능력이 있어야 한다. 이런 것들을 형성하고 발견하기 위해서는 학생 본인의 노력과 재능뿐만 아니라 가족의 소통 역량과 경제적인 부분도 무시할 수 없다.

그래서 교육은 어렵다. 학생들이 갖고 있는 개인적 역량과 더불어 나라에서 정하는 큰 틀의 교육 과정, 그리고 학교 자체적으로 결정하는 학습과 프로그램이 함께 작용한다. 여기에 학교 교육을 담당하는 교사의 역할도 있다. 단순화시켜서 학생과 교육 과정 그리고 교사의 변수만 갖고 보더라도 개인에 따라 다른 결과가 나올 수 있다.

이러한 여러 가지 요인이 복합적으로 작용하면서 하나의 인격이 완성되어가지만 각각의 그 한계가 명확하지는 않다. 이때 어떤 요인이 가장 중요할까? 주체는 학생이다. 주체자로서 학생의 의견과 자율성이 가장 중요하다. 자신이 의지와 관심을 가지고 어떤 활동을 만들어가는 과정, 즉 '자신만의 스토리'가 꿈과 진로를 향한 현재 노력의 형태로 나타나는 것이다. 이것을 공부와 역동적으로 연결시킬 수 있어야 한다.

자신의 꿈을 이루기 위한 과정을 학교 교육에서 기록하는 것이 곧 학교생활기록부와 자기소개서라고 할 수 있다. 꿈을 정하고 그에 맞는 진로를 찾아 자신의 노력, 즉 공부에 대한 이야기를 학교생활 속의 결과물로 정리한 것이 생활기록부다. 한편 그 결과를 얻기 위한 과정에서 행하는 자신의 노력, 예컨대 어떤 것을 잘하는지, 어떤 부분에서 힘들었는지에 대한 스토리가 자기소개서다.

대학 입시에서 수시와 정시의 비율은 어떻게 변해가는가?

아이의 진로를 결정하기 위해서는 우선 대학 입시 제도에 대한 이해가 필요하다. 대학 입시 전문가들은 앞으로 '학종(학생부종합전형)의 시대'가 열릴 것이라고 말한다.

다음은 대학 입학 전형을 유형별로 분류한 표다.

구분	전형 유형	주요 전형 요소
수시	학생부 위주	학생부 교과 전형, 교과 성적 중심
		학생부 종합 전형, 서류 중심(학생부, 자기소개서, 추천서, 면접 등)
	논술 위주	논술, 면접 등
	실기 위주	실기 등(특기 증빙 자료 활용)
정시	수능 위주	대학수학능력시험 성적, 내신 성적 등
	실기 위주	실기(특기 증빙 자료 활용)

전문가들은 주로 수시 전형이 증가한다고 말하는데, 수시 전형 중에서 교과 전형은 학과목 성적으로 선발하는 것으로서 각 학교의 최상위권 몇 명에만 해당한다. 논술이나 실기 전형은 특정 학생에게만 해당하는 것이니 수시가 늘어난다고 얘기할 때는 학생부종합전형, 즉 '학종'을 두고 말하는 경우가 대부분이다.

2009학년도 대학 입시에서는 56.7퍼센트를 수시 전형으로 선발했는데, 그 비율이 2013학년도에는 64.4퍼센트, 2016학년도에는 66.7퍼센트 그리고 2018학년도에는 73.7퍼센트로 늘어났다. 2009년에는 정시와 수시 선발 인원이 1 대 1에 가까웠는데, 수시가 꾸준히 증가해 2018학년도 입시에서는 정시의 3배가량에 달했다. 이는 대부분의 학생에게 적용되는 학생부종합전형의 비율이 증가한다는 얘기다. 학생부종합전형은 입학사정관들이 학생의 학교생활기록부와 자기소개서,

추천서 그리고 면접으로 입학생을 선출하는 방식이다. 특히 학교생활기록부와 자기소개서는 학생들이 준비할 수 있는 자료라는 의미에서 절대적으로 중요하다.

먼저 학교생활기록부에 대해 자세히 살펴보자.

학교생활기록부에서 어떤 항목이 중요한가?

현재 고등학교 생기부에는 인적 사항, 학적 사항, 출결 사항, 수상 경력, 진로 희망 사항, 자격증 및 인증 취득 사항, 창의적 체험 활동, 교과 학습 발달 사항, 독서활동 사항, 행동특성 및 종합 의견으로 10개 항목이 있다. 그런데 2018년 4월 11일 교육부에서 발표된 학교생활기록부 개정 시안은 내년인 2019학년도에 초 · 중 · 고 1학년부터 적용 예정이다.

그 내용을 보면 인적 사항과 학적 사항을 통합하고 수상 경력과 진로 희망 사항을 삭제, 창의적 체험 활동란에 있는 방과후 교육 활동, 자율 동아리, 학교 밖 청소년 활동은 기재하지 않기로 하고 있다. 그렇게 되면 7개 항목으로 줄어들게 된다.

2018학년도에 고등학교 1, 2, 3학년인 학생들은 졸업할 때까지 현행과 같은 다음의 예가 적용된다. 진로 희망 사항에 로봇공학자로 쓴 학생이 있다고 하자. 이 학생은 수상 경력과 교과 학습 발달 사항의 내신 성적이나 과목별 세부 특기 사항에 적어도 과학과 수학 과목에서 우수한 성적으로 기록되는 것이 중요하다. 최근 2~3년간의 학생부종합전형의 추세는 창의적 재량활동이나 봉사 활동보다 학생들의 교과목 성적의 중요성이 증가하고 있는 것으로 보인다.

사실 입학사정관들이 입시를 주관하는 학생부종합전형에서 합격과 불합격의 기준은 정성적인 부분이 많아서 어떤 학생이 합격하고 불합격했는지 입시 결과가 누적되는 것을 보고 판단하는 수밖에 없다. 학교 교과목 성적은 교과 학습 발달 사항에 기록이 되는데 학생들이 치르는 학교 중간고사와 기말고사 성적을 말한다.

수상 경력에 교내에서 주관하는 대회에서 수상한 사항이 적히고 로봇공학자를 희망하는 학생이라면 과학 관련 분야 수상 경력이 있고 과목별 세부 특기 사항에 과학 과목란에 정성적인 서술형 평가가 남다르다면 입시에 도움이 된다.

그런데 2018학년도에 중학교 3학년 이하의 학생들이 2019학년도부터 고등학교에 입학하게 되면 앞에서 언급한 7개 항목으로 축소된 생기부 개정 시안으로 적용될 예정이다. 여기에서 진로 희망 사항과 수상 경력 사항은 삭제되지만 그만큼 교과 학습 발달 사항의 내신 성적과 과목별 세부 특기 사항은 여전히 중요하다. 그 중요성이 더 높아진다고 볼 수 있다.

교과 학습 발달 사항 내의 과목별 세부 특기 사항은 해당 과목 교사가 그 학생을 보고 서술형으로 쓰는 양식이다. 학교나 교사마다 나름의 기준을 세워서, 예를 들면 3등급 학생까지 특별한 서술을 써준다거나 3등급 내에서도 1등급인 학생과 2등급 그리고 3등급인 학생을 표현하는 말을 다르게 사용해 써주기도 한다. 특별히 해당 과목에서 개인적으로 돋보이는 활동을 했다면 담당 과목 교사의 재량으로 써줄 수도 있다. 정성적 평가인 만큼 교사 재량인 부분이 많다. 교사에게 적극적으로 열심히 하는 모습을 보이는 것도 중요하다.

자율 동아리 활동을 통한 학교생활

현재(2018학년도 기준) 중학교 1, 2, 3학년 중 자사고나 특목고의 자기 주도 학습 전형을 준비하는 학생들은 생활기록부에 자신의 활동을 진로에 맞게 부각시키는 것이 중요하다.

동아리 활동이 본인의 학교생활과 성장에 어떤 영향을 주었고 진로 및 관심 분야와 어떻게 연결되었는지 기록해야 한다. 시간 여유가 있는 중학교 시기에는 이른바 '스펙 쌓기식' 활동보다 다양한 경험을 통해 역량을 키우고 적성을 찾는 것이 바람직하다. 로봇공학자를 꿈꾸는 학생이라면 자율 체험 활동으로는 창의적 글로벌 리더십 캠프를, 동아리 활동으로는 교내 로봇 동아리 참여를, 진로 활동으로는 직업 체험 캠프와 과학 탐구 대회 참여 그리고 카이스트 로봇 동아리 투어를, 특기 활동으로는 코딩 교육 등과 같은 로드맵을 제시할 수 있다.

현재(2018학년도 기준) 고등학교 1, 2, 3학년 학생들을 위한 최근 대입 입시 동향을 분석해보면 창의적 체험 활동에 하위 영역인 자율 동아리, 봉사, 진로 활동은 앞에서 이야기한 교과 학습 발달 사항의 내신 성적과 과목별 세부 특기 사항을 놓치면서까지 집중하는 것을 삼가야 한다. 물론 모든 사항을 완벽하게 준비하면 좋지만 시간이 한정되어 있고 자칫 교과목 성적 관리에 소홀할 수 있기 때문이다. 선택과 집중이 필요하고, 시간을 조절해서 학교생활을 하는 것이 매우 중요하다. 최근 수년 동안 학생부종합전형으로 합격한 학생들의 입시 결과 데이터를 지켜본 입장에서 하는 얘기다.

교육 과정 개편에 따라 현재 중학교 3학년을 포함한 그 이하 학생들에게 학교생활기록부의 항목이 10개 항목에서 7개 항목으로 축소되는 개정 시안이 적용되면 교과 학습 발달 사항의 내신 성적과 과목별 세부 특기 사항의 중요성이 더욱 커지게 된다.

학교생활기록부와 자기소개서의 관계(밀당)

학교생활기록부와 자기소개서에는 자신의 진로 방향성과 과정 그리고 결과에 일관성이 있어야 한다. 생활기록부에 성적이나 각종 활동, 즉 결과가 적혀 있다면 자기소개서에는 그러한 활동 결과를 어떻게 이뤄냈는지, 그 과정에서 느낀 점은 무엇인지 등에 대해 쓰는 것이 중요하다. 당연히 상호 일관성 있게 작성해야 함은 물론이다.

자기소개서에 대한 참고 자료로는 서울대학교 입시자료실, 곧 '아로리(http://snuarori.snu.ac.kr) 홈페이지-참여마당-나도 입학사정관'를 참고하면 좋다. 여기서 자기소개서의 샘플을 볼 수 있는데, 사례자의 자기소개서에 활동을 어떤 식으로 기술했는지 유념해서 살펴보자. 예컨대 활동의 과시나 나열에 그치는 게 아니라 본인의 성장과 발전에 어떤 영향을 미쳤으며, 그 과정을 구체적으로 어떻게 기술했는지에 초점을 맞춰 읽어보자. 또한 사례자의 생각과 행동을 어떻게 구체적으로 언급했는지도 봐야 한다. 그리고 학교 활동 프로그램에 얼마나 자연스럽게 녹아 들어갔는지 또한 살펴보자. 특히 중요한 것은 학생이 과학 탐구 4과목과 사회 탐구 4과목 중 구체적으로 어떤 과목을 이수했는지도 살펴볼 수 있다.

▎수시 전형이 증가하면 대학수학능력시험은 신경 쓰지 않아도 될까?

겉으로 보이는 수시 입시의 증가 추세를 보고 학교 교과목 성적 관리만 하고 수학능력시험을 간과해서는 절대 안 된다. 왜냐하면 대부분의 수시에서는 수능 최저 점수를 적용하기 때문이다. 수시 전형으로 원서를 넣으면 학교생활기록부와 자기소개서 준비를 해야 하는데, 이때 수학능력시험 성적이 최소 얼마 이상은 되어야 수시 전형을 통과할 수 있는 자격이 주어진다. 이렇게 대학교에서 제시하는 국어, 수학, 영어, 탐구 과목에 대한 최저 수학능력시험 등급을 맞추지 못하면 기회를 박탈당한다. 특히 2018학년도 입시부터는 영어 과목이 절대 등급제로 바뀌어 주로 국어와 수학 등급으로 기준을 삼게 되었다. 요컨대 국어와 수학 과목의 중요성이 커지고 있다는 얘기다.

주요 대학별 수능 최저 학력 기준 반영 방식(인문 계열 기준)

대학	전형 유형	전형명	2017			2018			
			국수 영탐	한국사 기준 등급	탐구 반영 방법	국수 영탐	영어 기준 등급	한국사 기준 등급	탐구 반영 방법
서울대	학생부 종합	지역 균형 전형	국, 수 (가/나), 영, 탐 4개 중 3개 등급 각각 2	필수	2 과목 평균	국, 수 (가/나) 영, 탐 4개 중 3개 등급 각각 2	–	필수	2과목 평균
연세대	학생부 종합	활동 우수형	국, 수 (가/나), 영, 탐 중 3개 등급 합 6	3	2 과목 평균	국, 수 (가/나), 탐 중 4개 등급 합 7	2	3	2과목
	논술	일반 전형	국, 수 (가/나), 영, 탐 중 4개 등급 합 6	3	1 과목	국, 수 (가/나), 탐 중 4개 등급 합 7	2	3	2과목
고려대	학생부 종합	일반 전형	없음	–	–	국, 수 (가/나), 영, 탐 중 4개 등급 합 6		3	1과목
	학생부 교과	고교 추천1	국, 수(가/나), 영, 탐 중 2개 등급 합 4	3	2 과목 평균	국, 수 (가/나), 영, 탐 중 3개 등급 합 6	–	3	2과목 평균
	학생부 종합	고교 추천 2	국, 수(가/나), 영, 탐 중 2개 등급 합 4	3	2 과목 평균	국, 수 (가/나), 영, 탐 중 3개 등급 합 5	–	3	2과목 평균

수능 최저 등급 때문에라도 수능 공부를 게을리 해서는 안 된다.

2018년도 정시 선발 인원 비율 26.3퍼센트라는 수치에는 우리가 무시할 수 없는 비밀이 하나 숨어 있다. 바로 '수시 미충원 인원의 이월'이다. '수시 미충원 인원'이란 수시에 합격했지만 마지막 최저 학력 기준을 넘지 못해 최종 불합격한 경우를 말한다. 이런 '수시 미충원 인원'은 정시로 선발 인원을 이월해 정시 전형으로 신입생을 추가 선발한다. '유웨이 중앙교육'에서 제공한 2017학년도 입시 자료의 수시 미충원 비율을 보면 서울대는 32.1퍼센트, 연세대는 35.0퍼센트, 고려대는 14.3퍼센트였다. 최저 학력 기준을 충족하지 못하는 학생의 수가 생각보다 많다는 얘기다. 이는 또한 수시 전체 선발 인원의 적지 않은 수가 수학능력시험 성적으로 대학에 들어갈 기회가 있음을 의미한다.

수시 전형이 증가하고 있는 이때, 준비해야 할 것

다시 정리를 해보면, 수시 전형이 늘어나고 있어 학교생활기록부와 자기소개서가 입시 자료로 매우 큰 비중을 차지하는데, 특히 수상 기록, 교과 학습 발달 사항의 내신 성적과 과목별 세부 능력 특기 사항의 중요성이 커지고 있다. 그런데 수시 전형으로 원서를 넣으려면 수학능력시험의 최저 학력 기준을 적용해야 하는 전형이 있고, 수시 전형으로 충원하지 못하는 인원을 수학능력시험 성적으로 뽑기도 하기 때문에 수능을 포기하거나 가벼이 봐서는 안 된다. 다시 말해 내신 성적을 잘 관리하면서 대학수학능력시험을 동시에 준비해야 한다는 얘기다. 이를 위해 초등학교와 중학교 때는 일단 주요 과목의 실력을 꾸준히 쌓아나가야 한다.

2018학년도에 중학교 3학년인 학생들이 수학능력시험을 보는 2022학년도부터는 수능 절대 평가를 도입하므로 상위권 대학에서는 면접 전형에서 본고사 형식의 시험을 볼 가능성도 있다. 이런 여러 가지 사항을 고려해도 기초 과목의 실력을 쌓아놓는 것은 반드시 필요하다. 영어 절대 평가 때문에 영어의 중요성이 대학 입시에서 줄어드는 것 아니냐는 질문을 많이 받는다. 물론 대학 입시 자체에서는 국어와 수학 과목에 비해 체감 난이도가 좀 감소한 경향이 있다. 하지만 대학을 졸업하고 사회인으로 살아가는 데 영어가 얼마나 중요한지는 누구나 공감할 것이다. 그러니 국어, 영어, 수학의 어느 한 과목도 소홀히 해서는 안 된다. 기본 과목의 기초를 초등학교, 중학교부터 튼튼히 다지는 것이 중요하다는 것을 다시 한 번 강조한다.

자신의 꿈과 진로를 찾아가는 여정에서 공부는 여러 가지 기회를 제공한다. 그러니 꿈과 진로 그리고 그것을 준비하는 과정에서 공부와의 연결 고리를 찾아라.

◇ **5** ◇

자유학기제 동안
꿈을 찾으라고?

나는 학생들을 대상으로 진로에 대한 강의를 할 때 꿈이 무엇이냐고 묻는 것을 조심스러워한다. 자신의 꿈을 명확히 안다는 것은 (앞으로 자세히 설명하겠지만) 어려운 일이다. 어른들도 아직까지 자신의 정체성과 꿈에 대해 혼란스러워하는 경우가 많지 않은가. 아이들에게 이런 질문을 하면 자칫 자신의 꿈이 무엇인지 명확히 모르니 뭔가 큰 잘못을 하고 있다는 느낌을 가질 수도 있다. 태어날 때부터 개성이 명확하고 뚜렷한 사람이 얼마나 있을까?

따라서 아이들과 꿈이나 진로에 대해 이야기할 때는 절대 단정 짓지 않도록 해야 한다. 요컨대 아이들의 성향도 조심스럽게 살펴봐야 한다.

자유학기제의 유래

2013년부터 시범적으로 운영해온 자유학기제를 2016년부터 전면적으로 시행하고 있다.

우리나라의 자유학기제는 아일랜드의 '전환학년제'를 모델로 한 것이다. 아일랜드의 전환학년제는 고교에 들어가기 전, 1년 동안 운영하는 학교 교육 과정을 말한다. 이와 유사한 모델은 덴마크에도 있다. 덴마크 학생들이 10학년을 보내는 에프테르스콜레(Efterskole)가 그것이다. 대부분 기숙형 학교 형태인데, 학생들은 이 1년 동안 자립심을 키우며 인생을 설계한다. 두 나라 모두 국가가 학생들이 자신의 인생을 여유를 갖고 스스로 설계할 수 있는 환경을 보장한다는 점에서 같다. 그래서일까. 두 나라는 행복지수가 높다는 공통점도 있다.

에프테르스콜레가 세계적으로 주목받는 이유 가운데 하나는 사립이면서도 '공공성'을 띤다는 점이다. 학비 일부를 정부에서 지원해 덴마크 중산층 가정이라면 부담을 느끼지 않는 정도라고 한다.

우리나라에서도 서울시교육청 주관으로 이와 비슷한 '오디세이학교'를 설립했다. 고등학교 1학년 청소년들이 학교 밖에서 1년 동안 자율적이고 창의적인 중점 과정을 선택해 자기 자신과 세상을 알아가는 기회를 갖게 하자는 취지로 만들었다.

2015년에 시범 운영하고 정식으로 닻을 올린 것은 2016년이다. 지원 시 프로젝트, 인턴십, 문화 예술, 공방 작업, 시민 참여 국제 협력의

5개 교육 과정 중 하나를 선택해야 한다. 지원하는 학생이 1년 동안 교육 과정 외에 여러 가지 다양한 경험을 하는 것은 좋은 취지이나 1년 후 자신이 진학한 고등학교 1학년생으로 복귀하는 문제는 그리 간단하지 않다.

오디세이학교는 학적이 있는 상태에서, 즉 고등학교를 배정받은 상태에서 고교 1학년 과정, 요컨대 1년 동안 위탁 교육을 한다. 그리고 위탁 교육이 끝난 다음 해 2월 말에 고교 1학년으로 원적교(원래 학교)에 복교해야 한다. 동급생들은 고교 2학년으로 진학하는데 본인은 1학년에 머물러야 한다는 얘기다.

오디세이학교는 현재 원적교로 복귀할 때 학생이 적응을 잘 할지에 대한 우려가 높고 교육비 또한 학부모에게 부담을 줘서 크게 환영받지 못하고 있다. 일선 교사들은 중학교와 달리 해당 연령대의 학생이 대학 입시를 목표로 두고 있는 현실에서 1년 동안 전혀 다른 학습 형태의 생활을 한다는 것은 실질적으로 입시를 포기하는 것과 같다는 전망을 내놓고 있다. 따라서 오디세이학교가 앞으로 어떤 추이로 나아갈지 지켜볼 필요가 있다.

공적인 교육 기관에서 조금이라도 다양한 교육 과정이 등장하는 것은 부모나 학생 입장에서 환영할 일이다. 선택의 폭이 그만큼 넓어진다는 면에서는 특히 매우 발전적인 제도다. 따라서 아이의 특성을 잘 고려한다면, 그리고 아이가 1년 뒤 학교에 잘 적응하겠다는 의지가 확고하다면 고려해볼 만하다. 하지만 아이들 교육에 대한 것을 어떻게 장담할 수 있을까? 아이의 의지가 확고하다고 해서 아이한테 모든 책임을 지울 수도 없고, 부모 입장에서는 강경하게 밀어붙일 수도 없는 노릇이다. 그럼에도 이렇게 다양한 활동과 경험을 할 수 있는 기회를 제도적으로 마련한 것 자체는 큰 의미가 있다고 하겠다.

오디세이학교의 이러한 개념을 학교 제도 내로 적용한 것이 바로 자유학기제다. 중학교 1학년 과정 중 한 학기를 운용하는 자유학기제를 더 확대해서 2018년도부터는 일부 학교에서 자유학년제를 운영한다. 학부모 대상 강연을 해보면 이구동성으로 자유학기제 동안 아이들이 학교 공부를 하지 않는 것 아니냐는 질문을 많이 한다. 그리고 이 기간을 어떻게 보낼지에 대해서도 걱정을 많이 한다. 자유학기제 동안 사교육은 어떻게 할지에 대해서도 마찬가지다.

자유학기제란 무엇인가?

먼저 자유학기제를 구체적으로 살펴보자. 중학교에서 1학년 1학기부터 2학년 1학기 가운데 한 학기 동안 지필 고사 없이 다양한 체험 활동 위주의 수업을 진행하도록 한다. 토론·실험·실습 등 참여 중심의 수업, 진로 탐색 등 체험 활동 중심의 수업을 170시간 이상 편성 및 운영하도록 되어 있다. 자유학기제의 목적은 천편일률적인 암기식 수업에서 벗어나 아이들 스스로 자신의 꿈과 끼를 찾고, 지식과 경쟁 중심의 교육에서 자기 주도 학습과 창의성·인성·사회성 등 미래 지향적 역량의 함양이 가능한 교육으로 전환한다는 데 있다.

그럼 자유학기제(자유학년제)가 어떻게 운영되는지 살펴보자. 참고로 자유학기제 홈페이지 '꿈끼(www.ggoomggi.go.kr)'를 방문하면 기본적인 정보를 얻을 수 있다. 먼저 아이들이 학교에 등교하면 오전에는 일반적인 수업을 한다. 요컨대 우리가 흔히 생각하는 국어, 영어, 수학, 사회, 과학 과목에 대한 수업을 한다. 그런데 이때 수업의 형태는 강의식을 지양하고 학생들의 참여를 어떤 형태로든 권장한다.

도덕과 프로젝트 학습의 예를 보면 가족의 구조에 대한 단원 공부를 하면서 자신의 가계도를 그려보거나 가족 사랑 노래를 만들어 발표하는 형식의 수업을 할 수도 있다. 교과목과 연계한 독후 활동은 수학 교과목 단원에 대한 개념을 공부한 후 관련 책을 찾아 읽고 발표하는 형식이다. 예컨대 중학교 1학년의 '입체 도형의 겉넓이와 부피' 단원을 공부한다면 정완상의 《과학공화국 수학법정》이나 야마우치 다다시의 《y쌤의 신기한 스펀지 수학교실 4》를 읽고 겉넓이와 부피에 대한 개념을 A4 용지 한 장으로 정리할 수 있다. 또는 주변에 있는 실제 도형의 겉넓이와 부피를 측정하고 발표하는 것과 같은 수업을 전개할 수도 있다. 요컨대 개념을 가르치고 과제를 통해 그 개념을 심화한 후 다시 발표나 토론으로 마무리하는 구조다.

오후에 하는 활동은 크게 4가지로 나뉜다. 개인별 특성과 역량에 맞는 진로 상담 및 지역 사회 기관과의 연계 등을 통해 자신의 적성을 찾는 진로 탐색 활동, 문화 · 예술 · 체육 전문 강사를 활용해 국 · 영 · 수 · 사 · 과 교과 간 융합 프로그램을 운영하는 예술 · 체육 활동, 공통된 관심사를 가진 학생들이 주도적으로 참여하는 동아리 활동, 프로젝트 수업을 5~17주간 실행하는 주제 선택 활동이 그것이다.

이제까지 설명한 내용을 학교 시간표로 나타내면 다음과 같다.

구분	월	화	수	목	금
1					
2		교과(23시간)			
3		※ 교육 과정 재구성, 학생 중심 수업과 과정 중심 평가			
4					
5		예술 체육 활동		동아리 활동	
6	주제 선택 활동		진로 탐색		예술 체육 활동
7					
방과 후		자유학기 활동 연계 운영			

먼저 국 · 영 · 수 · 사 · 과 교과 간 융합 프로그램을 운영하는 예술 · 체육 활동을 살펴보자. 예컨대 국어와 미술에 대한 융합 수업을 할 때 스마트 패드로 국어 과목에 나온 내용의 삽화를 그려볼 수 있다. 또 다른 예로는 수학과 역사, 미술을 융합할 수도 있다. 언양읍성에 있는 성곽을 견학하면서 역사에 대해 공부하고 성곽의 겉넓이와 부피를 하거나 언양 읍성 풍경을 그림으로 그리는 식이다.

다음은 주제 선택 활동에 대해 자세히 알아보자. 스포츠를 주제로 정했다면 배드민턴이나 주변 둘레길 트레킹 같은 활동을 일주일에 한 번 정도 할 수 있다. 이를 8차시로 나누고 1차시를 월요일 오후 3시간 동안 활동하는 것으로 가정해보자. 배드민턴 활동과 트레킹을 동시에 해도 좋고 배드민턴 활동에 초점을 맞춰도 좋다.

이때 1차시는 '스포츠 배드민턴 동영상 시청 및 기본 동작 익히기', 2차시는 '스포츠 교육 모형에 대한 이해 및 배드민턴 조 편성', 3차시는 '우리들만의 작은 스포츠 리그 만들기', 4차시는 '배드민턴 조장과 조원 간 상호 협력 연습하기', 5차시는 '우리들만의 스포츠 리그 운영하기', 6차시는 '우리들만의 스포츠 리그에서 역할 바꿔 활동하기', 7차시는 '배드민턴 스포츠 리그 대회', 그리고 8차시는 '스포츠 정신과 하나 되는 우리(1박 2일 캠핑)'로 구성할 수 있다.

이 내용을 표로 정리하면 다음과 같다.

차시	세부 프로그램 운영 내용	비고(준비물)
1	스포츠 배드민턴 동영상 시청 및 기본 동작 익히기	운동복 운동화
2	스포츠 교육 모형에 대한 이해 및 배드민턴 조 편성	
3	우리들만의 작은 스포츠 리그 만들기	
4	배드민턴 조장과 조원 간 상호 협력 연습하기	
5	우리들만의 스포츠 리그 운영하기	
6	우리들만의 스포츠 리그에서 역할 바꿔 활동하기	
7	배드민턴 스포츠 리그 대회	
8	스포츠 정신과 하나 되는 우리(1박 2일 캠핑)	

교육에서 교사의 역할은 절대적으로 중요하다. 특히 자유학년제(자유학기제)를 운영하는 동안 그 취지에 맞는 교수·학습법을 준비하고 기획해서 아이들과 어떻게 나눌지에 대한 교사의 관심과 역량은 필수적이다.

교사의 역량에 의해 무궁무진하고도 다양한 형태의 수업이 가능하다. 예를 들어 자신이 희망하는 직업군의 가상 인물을 포함한 가족신문을 만드는 활동을 통해 아이들은 그 가상 인물의 직업을 조사할 수 있다. 그리고 그 내용을 영어로 발표하는 식의 연계 학습도 진행할 수 있다. 또 캘리그래피 수업을 통해 자신만의 글씨체를 익히고, 평소의 불만을 조선 시대의 상소문 형식으로 써볼 수도 있다. 환경 문제 자료를 보여주고 모둠별 토론을 거쳐 각자 캐릭터를 만든 다음, 하나의 이야기를 꾸며 연극으로까지 이어지는 수업을 진행할 수도 있다. 또한 과목 간 융합·연계 수업을 비롯해 협동 교수·협력 강습도 강화되고 있는 추세다.

평가 방법도 중간·기말고사를 실시하지 않는 것으로 바뀌었다. 중간고사나 기말고사 같은 지필 고사 대신 교사가 직접 학생 개개인의 역량을 평가하는 수행 평가로 대체할 예정이다. 즉 수업 참여 정도나 과제 실행 사항 등 과정을 평가하는 방식으로 생활기록부를 기재한다.

다음은 서울시교육청이 제시한 생활기록부 예시다.

영역	시간	특기 사항
진로 탐색 활동	34	(진로 탐색 독서 활동) (17시간) 사회 문제에 관심이 많고 평소 꾸준히 독서하는 습관을 가지고 있으며 책을 읽은 후에는 독후감을 통해 자신의 생각을 논리적으로 정리함. '나의 꿈 발표하기, 나는 누구인가' 활동에서 아직까지 자신의 진로(꿈)를 결정하지 못한 점에 대해 고민하고 자신이 이루고 싶은 진로를 진지하게 탐색해봄. (꿈 잡는 진로 포트폴리오)(17시간) 학부모 지원 직장 탐방 프로그램에서 00연구소를 방문해 각종 실험과 검증 과정에 관심을 가지고 질문함. 생명기술과 관련된 직업과 자신의 진로를 연관시켜 탐색한 진로 포트폴리오 제작 능력이 뛰어나 우수 학습 활동 결과 전시회에 참여함.
주제 선택 활동	85	(드라마와 사회)(34시간) 드라마 제작 과정. 드라마 속 인물 분석 등의 활동에 적극 참여하고 000방송국 탐방 활동에 참가함. (창의적 디자인 세계와 융합)(34시간) 일러스트레이터를 이용해 원하는 작업물을 제작하는 수행 평가에서 탁월한 능력을 보이며 색채 감각이 뛰어나 작품의 완성도가 높음. (미디어 리터러시 '꿈')(17시간) 미디어 자료의 다양한 맥락을 이해하고 그 속에 있는 의미를 찾아내 비판적으로 해석하고 활용하는 능력이 뛰어나며 'TV 바로 알기' 프로젝트 학습에 적극 참여함.
동아리 활동	34	(요리조리반)(17시간) 요리와 문학, 요리와 문화 예술 관련 활동에 흥미를 가지고 적극 참여했으며 노인 복지 시설(00양로원)을 방문해 요리를 만들어서 대접하는 활동에 참가함. (방송반)(17시간) 방송국 프로듀서를 꿈꾸고 있음. 방송에 대한 관심이 많아 촬영하기를 즐기며 카메라로 학교 행사를 기록하는 일은 물론 행사가 순조롭게 진행될 수 있도록 준비를 잘함.
예술 체육 활동	34	(국악)(17시간) 전통 음악에 대한 관심이 많고 가락의 멋을 표현하는 능력이 뛰어나며 발표회 준비 과정에 적극 참여함. (웹툰으로 세상 보기)(17시간) 새롭고 다양한 관점으로 대상을 관찰하고 아이디어를 발전시킴. 창의적이고 주제의 특징을 잘 살려내는 표현 방법으로 수행 과정에서 발생하는 문제들을 자기 주도적으로 해결하며 캐릭터를 디자인함.

2017년 11월 5일 교육부에서는 '중학교 자유학기제 확대 발전 계획'을 발표했다. 이를 간단히 요약하면 2018학년부터 전국 약 1500개 중학교에서 '자유학년제'를 운영한다는 내용이다. 아울러 전체 3210개교 중 절반에 가까운 46퍼센트의 학교가 이 제도를 운영하기로 결정했다. 여기엔 한 학기가 아닌 두 학기, 즉 1년 동안 자유학년제를 시행하자는 정책도 포함된다.

자유학기제에 대한 반응

이에 대한 반응은 여러 가지다. 어느 학부모는 이렇게 말한다.

"중간고사나 기말고사를 보지 않으니 국·영·수 주요 과목에 대해서는 학원을 더 보내야 하는 것 아닌가 하는 생각이 들어요. 정작 아이들은 학교에서 프로젝트 수업이다, 과제물이다 해서 많이 바빠 제 맘처럼 공부를 시키기가 어렵네요."

상담을 하러 온 한 학부모는 이렇게 이야기했다.

"선생님들이 과정을 평가하는 기준이 모호하니까 학교에서 단원 평가를 자주 봐요. 새 학기를 시작한 지 한 달도 채 안 됐는데 벌써 수학 시험 두 번, 사회 시험 한 번을 봤어요. 예전처럼 한 번에 몰아서 보는 게 낫다고 말하는 엄마들이 많아요."

연구소를 방문한 한 학생은 커리큘럼의 내용이 생각만큼 재미있지 않다면서 다음과 같이 말했다.

"친구 중 자유학기제 수업이 재미있다고 하는 아이들이 있긴 해요. 그런데 저는 딱히 흥미를 느끼지 못해요. 특히 진로 탐색과 관련해 기관을 방문하거나 전문가 선생님들을 초빙하곤 하는데, 크게 와닿지 않는 강연이 대부분이에요. 기관을 방문할 때도 계속 같은 곳인 경우가 많아요."

한편 아이들의 만족도를 조사해보면 수업 형태에는 흥미를 느끼지만 그 수업을 통해 꿈과 끼를 찾았는지에 대한 질문에는 대부분 '보통이다' 혹은 '그렇지 않다'고 응답하는 경향이 있다. 이는 그만큼 자신의 꿈과 끼를 찾는 게 어렵다는 걸 뜻한다. 꿈을 찾으려면 긴 시간과 자신에 대한 성찰이 필요하다는 것을 다시 한 번 입증하는 조사 결과다.

자유학기제(자유학년제) 동안 제도적으로 주어진 다양한 활동을 열린 마음으로 적극 활용해보는 게 도움을 줄 수 있다. 여러 가지 체험과 봉사 활동 등을 통해 직접 또는 간접적으로 경험하는 세계가 넓어질수록 자신에게 무엇이 맞는지, 또는 무엇이 재미있는지 알아갈 기회 또한 많아진다.

이렇게 여러 가지 학습 관련 활동을 하면서 반드시 유념해야 할 것이 있다.

각종 학습 관련 활동을 할 때 놓치지 말아야 할 것 2가지

첫째, 체험 활동이나 실험 실습 등을 할 때 눈에 띄는 현상만 보면서 흘려보내는 자세는 금물이다. 활동에 대한 기본적 배경지식을 책을 통해 쌓는 것이 매우 중요하다. 가령 산과 염기의 반응으로 용액의 색이 변하는 과학 실험을 할 때, 그 현상만 보면서 "와~" 탄성만 지르고 왜 그런 변화가 일어나는지에 대해서는 생각하지 않으면 그 수업이 아무런 의미가 없다. 시간이 지나면 그냥 잊어버리는 활동이나 실험을 하고 있지는 않은지 주의 깊게 살펴봐야 한다. 산과 염기의 특징, 어떤 원리로 그런 변화가 생기는지, 그 변화에 대해 암기해야 할 것까지 놓치지 않고 연결시키는 것이 자유학기제 동안의 바람직한 공부 자세다.

둘째, 자유학기제 활동에서 프로젝트 학습의 내용과 연관된 도서를 넓고 깊이 있게 읽어야 한다. 그런 의미에서 자유학기제(자유학년제)는 아이들의 독서 활동을 다질 수 있는 좋은 기회다. 독서 활동이 주는 간접 경험의 기회를 놓치지 말자. 책은 비행기를 타지 않아도 북유럽의 농부와 만날 수 있고, 미국 맨해튼 거리의 사업가와 이야기할 수 있도록 해준다. 책을 통한 간접 경험이 우리가 일상에서 하는 다양한 경험과 어우러져 어느 순간 자신의 꿈으로 자리 잡을 수도 있다.

6

자유학기제 동안 공부의 양이
떨어질까봐 걱정스럽다면?

자유학기제를 바라보는 시선은 무척 다양하다. 특히 부모 입장에서 불안해하는 분도 꽤 있다. 학교에 가서 그냥 놀고만 오는 것은 아닌지, 산만해지는 것은 아닌지 걱정하는 것이다.

일부 지역 학생들은 자유학기제 동안 학원에서의 선행 학습을 더 본격적으로 하기도 한다. 자유학기제 동안은 학교에서 중간·기말고 사를 보지 않기 때문에 심화된 선행 학습을 해야 한다고 생각하는 경향이 있기 때문이다. 보통 자유학기제가 아닐 때 학원에서는 국·영·수 위주의 선행 학습을 가르치다가 중간고사나 기말고사 시험 기간이 되면 선행 범위를 잠시 접어두고 학교 시험 범위를 집중적으로 가르친다. 또는 아예 선행 학원 따로 학교 중간고사와 기말고사 대비 학원을 따로 다니는 학생도 있다. 물론 극히 일부에 해당하는 얘기지만 말이다.

선행 학습이 과연 도움이 되는지에 대해서는 의견이 분분하다. 학생들 입장에서는 공부를 하지 않는 것보다는 조금이라도 한 경우 좀 더 좋은 성적을 얻을 수 있고 아는 만큼 보이는 법이므로 선행 학습이 쉽사리 없어지지 않는 것도 사실이다.

그러나 사람의 집중력은 정말 알고 싶고 궁금한 마음이 있어야 더욱 커진다. 그래서 연구를 할 때나 탐구를 하는 방법의 가장 첫 번째 단계는 문제의식, 즉 '왜 그럴까?' 하는 마음을 갖는 것이다. 과학 탐구 활동을 예로 들어보자. 추운 겨울날 호수나 강물은 꽁꽁 어는데 바닷물은 얼지 않는 현상을 보고 궁금한 마음이 들지 않으면 그다음 단계로 나아갈 수 없다. 바닷물은 왜 얼지 않을까? 이런 궁금한 마음이 들어야 자료도 찾아보고 실험도 할 수 있다. 그리고 바닷물에는 소금이 녹아 있기 때문이며, 용질이 순수한 용매일 때보다 수용액 상태일 때 어는점이 낮아진다는 과학적 사실도 알 수 있다.

공부할 때는 이런 궁금한 마음과 함께 적당한 긴장이 작용해야 집중력이 높아진다. 그런데 선행 학습을 하면 수업 중에도 그 내용을 안다고 생각하기 쉽고, 그렇게 되면 당연히 긴장감이 떨어져 자신도 모르게 집중을 하지 않게 된다. 게다가 선행 학습이란 것 자체가 대충 훑어보는 경향이 있다. 그 때문에 얕은 지식만으로 학교 수업 내용을 이미 알고 있다고 착각해 자신도 모르게 살짝 딴생각을 하고, 그러다 중요한 것을 놓치는 경우가 많다.

따라서 무조건적인 선행 학습보다 그 제도 안에서 시간을 충실하게 쓰는 것이 중요하다. 이제 자유학기제 기간 동안 최선을 다할 수 있는 공부 방법을 살펴보자. 여기서 반드시 해야 할 것은 '교육 과정과 병행하는 독서'다.

교육 과정과 병행하는 독서 활동 방법

자유학기제에는 한 학기 동안 배워야 할 교육 과정을 오전 수업 때 그대로 진행한다. 수업 방식을 다양하게 하고 지필 평가를 하지 않는다는 게 다를 뿐이다. 한 학기 동안 배우는 국·영·수·사·과 5가지 과목에 대한 목차를 거실 벽에 붙여놓자. 이렇게 붙여놓으면 자연스레 시선이 가고 아이는 목차에 따른 수업 내용에 대한 생각을 하게 마련이다. 그런 다음 각 과목별로 해당 단원과 관련 있는 책을 찾아서 읽는다.

이때 3가지 방법이 있다. 첫째, 주말 등의 시간을 이용해 가족과 함께 대형 서점을 찾는다. 기분 좋은 나들이 삼아 간단하게 외식도 해서 즐거운 분위기를 만들어주는 한편, 대형 서점에서 책을 보며 논다는 느낌으로 시간을 보내는 것이다. 아이들은 공부에 대해 방어 기제가 작용할 수 있기 때문에 즐겁게 마음의 문을 열도록 하는 게 중요하다.

대형 서점을 활용할 때는 '책 산책'을 해보자. 아이들은 대형 서점에서 정작 어떻게 해야 할지 잘 모르는 경우가 많다. 책을 읽고 고르기보다는 '구경'만 하려 하고, 주로 문구류나 장난감 코너에서 시간을 보내는 경우도 있다. 따라서 구체적인 방법을 제시하고, 그것을 습관으로 익힐 수 있도록 하는 것이 중요하다.

그러기 위해서는 서점을 찾기 전에 교과목에 어떤 내용이 있는지 확인하고 목차를 간단히 메모하도록 한다. 그리고 대형 서점의 컴퓨터를 이용해 자신이 학교에서 배우는 단원의 키워드나 관심 있는 단어를 검색해본다. 검색창에 뜨는 책 목록을 보고 관심을 끄는 책이 어느 서가에 있는지 소장 위치 정보를 출력한다.

그런 다음 관심 있는 책을 2~3권 정도 고르고, 읽기 편한 자리에 앉아 훑어본다. 책표지와 머리말, 목차 등을 가볍게 살펴보고 관심 분야가 아닌 책은 걸러낸다. 물론 정독을 하라는 이야기는 아니다. 정독을 하지 않아도 차분하게 살펴보면 '사야 할 책', '도서관에서 빌려야 할 책', '서점에서 봐도 충분한 책'으로 충분히 분류할 수 있다. 이런 방법으로 선택한 책을 구입하면 그 책에 대해 남다른 애정이 생기게 마련이다. 아이는 아무 생각이 없는데 '좋은 책'이라고 하면서 부모가 불쑥 건네주는 것과는 판이하게 다르다.

둘째, 아이 대신 엄마가 관련 책을 사서 읽어보자. 사춘기 아이가 부모와 함께 서점에 가려 하지 않을 때 사용할 수 있는 방법이다. 가능하면 서점에 함께 가는 게 좋겠지만 합의가 안 된 상태에서 억지로 데려

가는 것은 피해야 한다. 책을 기피하는 역효과를 낼 수도 있으니 말이다. 집 안 여기저기 책을 놓고 부모가 읽는 모습을 보이면 아이도 관심을 갖는다. 전혀 새로운 내용이 아니고 학교에서 어떤 형태로든 공부하는 것이기 때문이다. 예를 들어 중학교 1학년 사회 과목에서 단원명이 '정치 생활과 민주주의'라면 소피 라무뢰의 《세계 역사를 바꾸는 정치 이야기》 또는 정수현의 《법은 왜 필요할까요?》를 읽어본다. 만약 '영조·정조 시대의 사회 발전' 단원을 배운다면 《한국사 편지 3》이나 전국역사교사모임에서 집필한 《제대로 한국사 7》 등을 읽으면 좋다.

셋째, 교과 관련 내용을 인터넷 서점에서 구입한다. 학부모 대상 강의를 하면 아이의 책도 알아서 구입해 대령하는 것을 사랑의 표현이라고 생각하는 경우가 많다. 하지만 아이들에게는 어떻게 해야 자율적으로 스스로 동기 부여를 할 수 있는지 그 방법을 배우고 실천할 수 있도록 하는 것이 중요하다. 최선은 아이 스스로 결정하고 관심을 갖도록 하는 것이다. 이를테면 아이가 인터넷 서점에 로그인해서 관련 책을 찾아보고, 자신이 직접 구입할 수 있게끔 한다.

위의 3가지 방법에서 가장 중요한 점은 아이가 주체적으로 선택할 수 있도록 하는 데 있다. 부모는 방법만 알려주고 옆에서 지켜보는 역할만 해야 한다. 다시 말해, 지나치게 개입하는 것은 결코 제대로 된 사랑법이 아니다. 초등학교 3학년 정도만 돼도 충분히 혼자서 판단해 책을 고를 수 있다. 초등학교 1~2학년의 경우에도 아이의 의견을 문고 존중하는 원칙을 꼭 지켜야 한다.

아이들 교육에서 독서는 아무리 강조해도 지나치지 않다. 이는 누구나 공감할 것이다. 많은 사람이 공통적으로 하는 이야기는 진리일 확률이 높다. 그만큼 많은 검증을 거쳤을 것이기 때문이다.

다시 한 번 강조하지만, 아이로 하여금 교과 단원과 연관된 책을 읽도록 하자. 규칙적으로 서점이나 도서관을 찾아가 그 진도에 맞는 책을 고르자. 그리고 교과 내용의 목차를 거실이나 그 밖의 적당한 곳에 붙여놓자. 이는 자꾸 눈에 띄게 해서 자신의 목표와 할 일을 '시각화'하는 방법이다. 반드시 해야 할 일을 의식의 표면으로 떠오르게 해서 실천 확률을 높이는 데 효과적이다.

이를 통해 자유학기제 동안 다양한 활동을 하면서 생기는 자연스러운 호기심을 책과 연결해 좀 더 깊은 지식으로 만들 수 있다. 아울러 독서는 부모가 걱정하는 것처럼 공부의 양이 떨어질 경우 보충할 수 있는 최선의 방법이기도 하다.

7

진정 원하는 게 무엇인지
잘 모르겠다면?

지윤이가 초등학교 1학년에 입학할 때쯤의 일이다.

"엄마, 공부는 왜 하는 거지?"

갑작스러운 질문에 속으로 좀 놀랐던 기억이 난다.

"흠…… 네가 이 세상을 살아가는 데 필요하니까. 다시 말하면, 네가 나중에 하고 싶은 일을 하기 위해서 미리 준비하는 거지."

뭐 이렇게 이야기하고 넘어갔던 것 같은데, 지금 생각해도 그리 구체적이지 못한 답변이었다. 지윤이의 진로에 대한 고민은 그때부터 시작됐다.

원하는 것을 찾기 위한 기본적인 방법

공부의 양이 떨어지지 않도록 하면서 자신이 좋아하는 분야를 찾는 데는 독서만 한 것이 없다. 교육 기관에서 배우는 내용과 연계해 독서 활동을 하는 것이다. 독서 활동을 하면 자신이 소설이나 시 같은 문학 작품을 좋아하는지, 과학과 관련한 책을 좋아하는지 자연스럽게 파악할 수 있다. 학교에서 도서관 봉사 활동을 하는 것도 좋다. 어찌 됐건 책이 있는 공간에 있으면 심심해서라도 뭐든 읽을 테니 말이다. 최대한 책과 가깝게 지내도록 해야 한다. 이는 수없이 많은 사람이 이야기하는 진리인 듯하다.

특히 유치원과 초등학교 동안에는 진로에 대해 구체적인 내용을 이야기하기보다 다양한 경험을 하도록 하고, 어떻게 하면 자율적이고 강압적이지 않은 분위기에서 책을 읽을 수 있도록 할까에 집중한다.

나는 아이들에게 진로와 공부법에 대한 여러 가지 질문을 미리 받고, 그에 대해 강연할 때가 종종 있다. 강연 후에는 'Q&A' 시간을 통해 직접 발표도 하게 하고 서로 이야기를 나눈다. 이때 가장 많이 나오는 얘기가 꿈이 무엇인지 아직 결정하지 못했다는 것이다. 또 꿈은 정했지만 무엇을 어떻게 해야 할지 모르겠다는 얘기도 많다.

"내가 뭘 원하는지 모르겠고, 커서 무엇이 될지 고민돼요."

"꿈을 위해서 무엇을 해야 하는지는 알겠는데, 공부하는 법을 모르겠어요. 어떻게 해야 할까요?"

"꿈은 정했지만 그 꿈을 이루기 위한 길이 뭔지 모르겠어요."

"진로는 정했는데 정확하게 확신이 들진 않아요."

꿈은 언제든 바뀔 수 있다. 또 그 꿈을 이루는 방법에는 여러 가지가 있게 마련이다. 따라서 꿈을 위해 지금 당장 할 수 있는 일이 무엇인지에 대한 의문은 우리 모두의 문제이기도 하다.

진로 선택에 정확한 답이 있다고 생각하면 큰 오산이다. 또한 어떤 선택이 맞거나 틀리다고 얘기하는 것은 극히 조심해야 한다. 아이들에겐 분명 적성이란 게 있다. 하지만 시간이 흐르고 환경이 바뀌면서 적성은 얼마든지 달라질 수 있다. 또 그때까지 몰랐던 자신만의 흥미를 발견할 수도 있다. 10대 사춘기 어느 시기에 진로를 정하고 그게 정답인 것처럼 고정해놓으면 그 너머를 생각하지 못하는 경우도 생긴다.

"진짜 내가 원하는 게 무엇인지 잘 모르겠어요."

자녀가 이렇게 이야기하면 그만큼 자신의 미래에 대해 고민하고 있다는 뜻이다. 그래도 괜찮다. 당연한 일이기 때문이다. 누구도 자신이 원하는 것, 즉 진로를 정확히 알아서 완벽한 답을 해줄 수는 없다. 원하는 것을 확실하게 모른다는 것은 무한한 가능성이 있다는 뜻이기도 하다. 그러니 좀 더 찬찬히 자신을 들여다보고 끊임없이 스스로에게 질문해보자. 이때 객관적 자료를 제공하는 심리 검사 도구를 활용할 수도 있다. 그러나 해답을 전적으로 거기서 찾으려 하는 것은 금물이다. 심리 검사는 참고 자료일 뿐이다.

이런 모든 것이 한데 모이면 어느 순간 확연한 무엇인가가 눈에 보일 수 있다. 그때까지 자기 자신을 탐구하는 긴 여정을 받아들이고 조금씩 알아가도록 하자.

다음은 충청북도 청소년종합진흥원 청소년상담복지센터에 올라온 중학교 3학년 학생의 글이다. 자신의 진로에 대해 이야기하면서 본인이 원하는 게 무엇인지 모르겠다는 내용인데, 모든 학부모가 참고할 만하다.

안녕하세요. 이제 중3 올라가는 여자아이입니다!

저는 고민이 너무 많은데요……. 그중 하나가 저의 장래 희망이에요.

저는 시골에 있는 학교에서 중상위권이에요.

저희 학교가 그래도 원래 실력 있는 학생들이 꽤 있었는데…….

저희 학년은 정~말! 특히 공부를 못해서요. ㅠㅠ 저희 학교에서 중상위권이면 시내 학교에서는 중위권 정도예요.

그동안 저는 ○○고등학교를 가고 싶었는데 요즘은 여고가 너무 가고 싶은 거 있죠!! 하지만 실력이……. ㅠㅠㅠ

애들 말에 의하면 ○○고등학교는 남녀 공학이라 야자 시간 때 자습 태도가 정말 안 좋다고 하더라고요.

그래서 요즘 어느 고등학교를 목표로 삼아야 할지 갈팡질팡 중입니다.

그리고 저의 진짜 고민!

저의 장래 희망이 뭔지 잘 모르겠어요. ㅠㅠㅠ

직업 검사를 포털 사이트에서 해보았는데요, 아직 나 자신을 잘 모른다는 결과가 나왔어요.

제 친구한테 그 말을 해주니 정말 그런 것 같다고 하더라고요.

저는 미술, 음악 쪽에 관심이 많아요.

하지만 제가 만약에 가수 같은 쪽으로 간다면 나중에 악플 같은 걸로 시달려서 정말 하루하루 괴로울 것 같고, 꼭 성공한다는 보장도 없겠죠.

그렇다고 제가 미술 쪽으로 나가는 건 저희 부모님이 별로 좋아하지 않으세요. 돈 문제도 그렇고. 성공하기 어렵다고 하시더라고요. 하지만 저는 미술 선생님을 해도 될 것 같긴 해요.

그리고 요즘 장래 희망으로 뭐가 좋을까 생각하다 작가가 되고 싶은 마음도 생기더라고요! 제가 책을 좀 좋아하거든요.

이 장문의 고민을 보시면 아시겠지만 직업, 성적, 가고 싶은 고등학교 생각만 하면 마음이 정말 복잡해져요.

저는 이미 '워크넷'이라는 곳에서 직업 검사, 상담, 심리 검사를 다 해봤어요. 그런데 마음속에 확 와닿지도 않고, 마음만 더 복잡해지더라고요. 이렇게 갈팡질팡하는 제 마음을 어떻게 정리 좀 할 수 없을까요?

그리고 제가 정말 원하는 게 무엇인지 확실하게 알고 싶어요. ㅜㅜ

눈과 손은 많이 피곤하시겠지만 시원한 답변 부탁드려요.

-이유미(가명) 올림

이 학생의 질문에 대한 답변을 작성해보았다.

유미야~

자신의 장래 희망에 대해 생각도 많고 걱정이 많지?

어쩌면 그것이 당연한지도 몰라.

자신의 앞일을 누가 명확히 예측할 수 있겠니?

또 우리는 초등학교, 중학교를 지내면서 아주 진지하게 미래를 고민할 상황이 안 되잖아? 그래서 더욱 진로 정하기가 어려운 것 같아.

여러 가지 직업 적성 검사를 해보았다고 했는데, 그 결과가 네 눈에 잘 들어오지 않았나보구나.

요즘 학교나 온라인 사이트에서 여러 가지 검사를 쉽게 해볼 수 있지. 그런데 그 자료만 가지고 자신을 돌아보는 건 좀 부적당한 것 같아.

선생님은 여러 가지 검사 중에서 MBTI를 활용해 학생들의 진로와 성격 유형을 상담한단다. 유미도 한 번 그 검사를 해봤으면 좋겠어.

유미가 지금 고민 중인 음악, 미술, 작가는 이 MBTI에서 어떤 유형의 사람들에게 추천하는 진로이기도 하거든.

선생님은 유미를 직접 보지 못했지만 어떤 유형일까 궁금하네.

각각 자신의 유형에 따라 학습 성향이 다르긴 하지.

그런데 말이야, 그런 유형 검사에서 나온 대로 미래가 결정되는 것은 아니란다.

검사에서 나온 결과를 가지고 자신을 돌아보는 데 더 중요한 의미가 있어. 그 결과가 나의 어떤 점 때문에 나온 것일까, 하면서 자신을 돌아보면 그냥 생각해보는 것과 달리 훨씬 구체적으로 다가오거든. 그렇게 하다 보면 그 결과가 맞을 수도 있고, 틀릴 수도 있겠지.

그런데 유미가 지금 당장 할 일은 작가가 되기로 마음을 먹든 미술을 전공하기로 마음을 먹든 학교 공부겠지? 일단 성적이 입시 제도에 영향을 미치기도 하고, 학교 공부를 열심히 하다 보면 자신에 대해 더 잘 알 수 있지. 이 과목을 공부할 때는 이런 느낌인데, 다른 과목을 공부할 땐 또 다른 느낌이 들 수도 있어. 어쩌면 거기에 자신의 길이 있는지도 몰라.

또 공부를 해야 중상위권 이상의 학생들만 가는 유미 동네의 그 여고를 갈 수 있지 않겠니?

그러니까 지금 당장 해야 할 것을 한 번 정리해보자.

먼저, 학교 공부를 밀리지 않고 복습하는 거야.

이미 밀려 있는 것들이 좀 있지? 밀린 것까지 하려면 엄두가 나지 않으니까, 일단 오늘부터 시작하는 거야.

학교 진도는 계속 나가잖아? 그 양만큼 복습하면서 따라가는 거야. 그 양을 공부하고 해당 문제를 풀면서 점검하는 것까지~.

이렇게 해보고 선생님한테 연락 주면 참 좋겠네.^^

정작 오늘 지나가고 있는 이 시간은 그냥 흘려보내면서, 자신의 진로가 불안하다고 찾아 헤매지 않았으면 좋겠어~.

누구든 진로를 확실히 알고 가는 경우는 많지 않기 때문에 일단 일상에서 기본적으로 해야 할 일을 하면서 동시에 진로를 찾아보는 거지!

그럼 일상에서 기본적으로 해야 할 일은 무엇일까? 그 답은 '학교 공부를 그날그날 복습하는 것'이야. 그렇게 하다 보면 시험공부를 이미 하는 셈이지. 어쨌든 성적이 고등학교 진학의 기준이 되는 게 현실이잖아. 일단 그렇게 공부해보면 수학이나 과학이 좀 더 재미있다는 걸 알 수도 있고, 또 반대로 수학이나 과학보다는 사회 과목이 좀 더 재미있다는 걸 알 수도 있어. 그렇게 공부를 해봐야 자신이 어느 쪽에 흥미가 있는지도 알 수 있겠지?

그러니 일단 오늘 하루에 집중해보자.

8

스스로 고민하고
생각하는 연습을 하라

대치동 학원가에서 엄마들을 보면 3가지 부류로 나뉘는 것을 알 수 있다. 한 부류는 엄마가 학교 및 학원 일정을 완벽하게 파악하고, 어떤 학원과 어떤 형태의 사교육을 받을 것인지에 대해 아이보다 더 열심히 공부한다. 그리고 어떤 시점에서 무얼 할지에 대한 플랜을 완벽하게 짜놓는다. 물론 아이는 엄마가 짜준 시간표대로 다닌다. 이런 엄마들은 자동차 안에 김밥, 샌드위치 등을 싣고 다닌다.

또 한 부류는 어느 정도 정보를 가지고 있으면서, 아이와 의논해 아이가 원하는 것 위주로 해야 한다고 생각한다. 이상적인 것처럼 보이지만 간혹 중요한 정보와 뭔가를 꼭 해야 할 시기를 놓치는 경우가 종종 있을 수 있다.

그리고 나머지 부류는 학원 설명회를 다닐 시간도 없고 정보를 얻는 것에도 게으르다. 그래서 아이가 필요하다고 말하면 그때야 다른 엄마들한테 이것저것 알아보고 부랴부랴 대처한다.

어떤 엄마가 현명해 보이는가? 사실 어떤 엄마가 현명하다고 자신 있게 대답할 수는 없다. 엄마의 교육 태도와 아이의 성향이 함께 작용해 엉뚱한 결과가 나오고, 교육은 너무나 많은 요인이 복합적으로 작용하기 때문이다. 그래서 엄마 노릇 하기가 어려운 것 같다. 첫 번째 부류의 엄마들은 굉장히 노력하는 것 같아 보이고, 실제로도 그렇다. 그렇게 하면 아이의 성적 또한 비교적 잘 나오게 마련이다. 하지만 자칫하면 아이들이 자기 힘으로 할 수 있는 게 별로 없는 성인으로 클 확률이 높다. 자기 일상의 시간표를 엄마가 짜주고 먹는 것도 자신이 결정할 필요(?)가 없을 정도로 길들여져 있으니 말이다. 한 번은 첫 번째 부류에 속하는 엄마의 자녀가 지윤이한테 비닐봉지를 어떻게 묶는지 모른다고 해서 놀란 적이 있다. 그렇다고 이런 학생이 줄곧 아무것도 못한다는 얘기는 아니다. 어떤 시기에 늦게나마 사회생활에 적응할 수도 있다. 하지만 아마도 세상으로 나오면서 한바탕 홍역의 시간을 치를 게 분명하다.

마지막으로 언급한 부류의 엄마들은 직장을 다니느라 바쁜 경우도 있고, 그게 자신의 양육 철학일 수도 있다. 100퍼센트 아이의 판단에 맡기고 아이가 원하는 대로 결정하는 엄마를 둔 학생은 학교 성적이 조금 나쁜 경우가 있다. 하지만 성적이 나오지 않는다고 해서 앞으로의 진로와 미래의 사회생활을 단정 지을 수는 없다. 긴 인생을 놓고 볼 때 어떻게 하는 것이 아이의 발전에 도움을 줄지 정답은 없는 듯하다.

그러나 중요한 것은 어떤 경우든 아이 스스로 필요를 느끼고 고민해보게끔 하는 것이다. 물론 이런 훈련은 어렸을 때부터 하는 것이 좋다.

어렸을 때부터 자신이 할 일을 스스로 결정하고 끝까지 실행해보게 하는 것은 성공 경험을 쌓는 일이나 다름없다. 목표도 아이가 직접 정하고, 그 목표를 달성하기 위한 실천 계획도 스스로 세우도록 한다. 때로는 부모가 보기에 턱없이 낮을 수도 있지만 일단 본인이 목표를 정하는 것만으로 발전 가능성이 있는 셈이다. 부모는 위험한 상황 정도만 정리해주고, 아이의 자율성을 믿는 것이 중요하다.

아이가 일상에서 꿈을 찾는 연습을 하도록 하자

혹시 아이에게 다음과 같은 말을 많이 하고 있는지 되돌아보자.

"여기까지 하면 되겠다."

"이것 하고 밥 먹으렴."

"이번엔 그 학원으로 정했으니, 너는 열심히 공부만 하면 돼."

유치원이나 초등 저학년 때부터 가정에서 이런 식의 대화를 많이 한다면 아이는 자신의 마음속 동기를 활성화하지 못할 확률이 매우 크다. 그리고 정작 공부를 본격적으로 해야 할 시기에 아이 스스로 목표조차 세우려 하지 않을 수 있다. 자기 스스로 목표를 세우지 않은 일에 어떻게 열정적으로 임할 수 있겠는가.

예를 들어, 스스로 하루에 몇 페이지씩 공부해서 어디까지 하겠다는 계획을 세우고 영어의 관계대명사 문법을 무사히 마친 학생과 엄마나 과외 선생님이 정해준 분량대로 공부한 학생이 있다고 치자. 둘 중 어떤 학생이 성공했다는 느낌을 받을 수 있을까?

〈슈퍼맨이 돌아왔다〉에 출연하는 이동국 씨 가족의 대박이를 예로 들어보자. 이동국 씨 가족은 추석을 맞아 아빠의 어린 시절 추억이 깃든 포항 영일대해수욕장을 찾았다. 이동국 씨는 어린 3남매 눈에는 꽤나 높아 보일, 바닷가 옆에 있는 모래 언덕을 올라가보자고 한다. 아이들도 동의하고, 모두가 모래 언덕에 오르기 시작했다. 21개월밖에 되지 않은 대박이도 혼자 모래 언덕을 올라간다. 대박이는 도중에 숨을 몰아쉬면서 많이 힘들어했다.

이때가 중요하다. 우리 아이가 그런 상황에서 힘들어한다면 여러분은 어떻게 하겠는가? 이 정도면 됐다는 마음과 아이를 도와주는 게 사랑을 표현하는 것이라고 생각해서 손을 잡아주겠는가, 아니면 끝까지 냉정하게 지켜만 보겠는가.

답은 냉정하게 지켜보는 것이다. 물론 위험한 상황이라면 도와주어야겠지만 말이다. 아이가 힘들어도 혼자 할 수 있는 상황이라면 끝까지 자기 힘으로 할 수 있도록 하는 게 무척 중요하다. 그렇게 해야 아이는 자신이 직접 성공했다는 경험을 느낄 수 있다.

어떤 부모는 아주 사소한 것부터 물리적으로 도와주는 게 부모의 사랑이라고 생각하는 경향이 있다. 다시 대박이의 경우로 돌아가서, 힘들어하는 것을 보고 아빠가 얼른 손을 잡아준다고 하자. 그 순간 대박이는 소중한 성공 경험을 할 기회를 잃어버리는 셈이다. 또 다른 예를 들어보자. 아이가 레고를 열심히 조립하고 있다. 그런데 아이가 힘들어한다고 해서 또는 아빠와 함께하는 게 사이좋은 부자 관계라고 생각해서 도와준다면 이 또한 성공할 수 있는 아이의 경험을 방해하는 것이다.

이번에는 본격적으로 노는 것과 공부하는 것 사이의 조율이 필요할 때, 요컨대 초등학교 때 흔히 벌어질 수 있는 일을 예로 들어보자. 아이가 놀고 나서 숙제를 하겠다고 한다. 이때 엄마는 논 다음에 숙제를 할 시간이 있는지 예측 가능한 상황에 대해 문제 제기만 하고 아이의 선택에 맡기는 것이 현명한 태도다.

실컷 놀다 들어와서 졸음을 참아가며 늦게까지 숙제하는 걸 지켜보는 엄마의 마음이 더 힘들 수도 있다. 그래도 아이 스스로 끝까지 하도록 지켜보자. 이때 다음 날 학교에 가서 담임선생님한테 꾸중을 들을게 걱정되어 숙제를 도와줘선 안 된다. 아이가 졸음을 참고 숙제를 해가면 자기 스스로 결정하고 그 일을 마무리했다는 자신감이 들 것이다. 작은 성공 경험을 쌓은 것이다.

반대로 너무 졸려서 자버리는 바람에 숙제를 못했다고 치자. 학교 선생님께 꾸중을 듣고 친구들한테 부끄러울 일이 생기는 것도 자신이 책임지고 감당해야 할 몫이다. 그렇게 자꾸 숙제를 안 해가는 일만 쌓이면 어쩌나 걱정될 수도 있다. 그래도 눈을 질끈 감고 참자. 아이가 학교에서 혼나는 경험을 하고 온 다음이 중요하다. 그때 부모가 "그것 봐라. 내가 뭐라고 했니?" 하면서 다그치고 비난하면 아이는 그야말로 너무나 큰 실패 경험을 하게 된다.

"어떻게 생각하니? 다음부터는 노는 시간을 조정해볼래? 아니면 숙제부터 하고 나가서 놀까?"

이 정도의 이야기로도 아이가 생각을 정리하는 데 큰 도움을 줄 수 있다.

그리고 같은 상황을 반복할 때는 이전에 했던 경험(성공일 수도 있고 실패일 수도 있는)을 토대로 좀 더 발전할 수 있도록 격려하자.

이런 과정을 통해 아이는 '생각'이란 것을 하게 된다. '이렇게 하면 이렇게 되는구나.' 그럼 다음에는 어떻게 할지 생각하고 스스로 판단한다. 이런 작은 경험이 쌓이면서 자신의 생각이 어떤 결과를 낳는지 인식하는 것이다.

학교 선생님에게 도움을 청할 수도 있다. 가정에서 한창 이런 방향으로 교육을 하고 있으며, 아이가 지금 어떤 상황에 있다는 것을 터놓고 얘기하면서 의견을 교환하는 것이다. 때로는 엄마가 하고 싶은 이야기를 선생님의 입을 통해 하면 교육적 효과를 높일 수 있다. 예를 들면 숙제를 못해 갔어도 아이가 노력을 얼마나 했는지, 아니면 전혀 노력을 하지 않았는지 선생님한테 얘기하는 것이다. 그러면 선생님이 모른 척하고 동기 부여하는 이야기를 하는 식으로 아이의 습관을 바로잡을 수 있다. 물론 매사에 그럴 수는 없을 것이다. 하지만 아이의 습관을 집중해서 잡아야 하거나, 가정에서 특별한 일이 발생한 경우에는 학교에 적극적으로 도움을 청할 것을 권한다.

한편 아이들은 학교에서 이야기하는 것과 가정에서 이야기하는 것이 다를 수도 있다. 따라서 부모는 자녀의 말뿐 아니라 선생님의 말도 함께 들어봐야 한다. 그리고 아이한테는 학교에 대해 부정적인 뉘앙스로 응답하는 것을 삼가야 한다. 일부 학부모는 공교육을 다소 불신하는 경우도 있다. 설령 그렇더라도 학교에 대한 부정적인 생각을 아이로 하여금 느끼게 하는 것은 결코 득이 되지 않는다. 아이는 일상의 대부분을 학교에서 보낸다. 요컨대 학교는 교육과 사회생활의 대부분이 이루어지는 곳이다. 교육은 학교와 가정에서 한 목소리를 낼 때 배가된다.

이런 과정을 통해 일상에서 작은 성공 경험이 쌓이면 자신감, 자존감이 높아지고 자신에 대한 정체성을 갖게 된다. 꿈을 갖는다는 것은 자기 자신을 알아야 가능한 일이기 때문이다.

생각하지 않으면 즉흥적이고 감각에만 충실하게 된다. 그렇다고 무조건 생각하라고 하면 아이들이 그 말을 어떻게 들을까? 어렸을 때부터 생각할 기회를 주고, 생활 속에서 궁리하며 어떻게 할지 스스로 결정해보도록 하자. 가이드라인 정도만 제시하고 수많은 연습을 하도록 하자. 그래야 자신의 꿈을 찾는 고차원적 생각도 할 수 있다.

자유학기제 Q&A

Q 아일랜드의 전환학년제와 자유학기제의 차이점은 무엇인가요?

A 전환학년제는 중학교를 졸업한 학생이 1년을 추가로 학교에 다니는 제도입니다. 자유학기제는 중학교 6학기 중 한 학기를 대상으로 운영하는 정규 교육 과정의 일부입니다.

Q 자유학기 때 '꿈과 끼를 찾도록 하겠다'고 하는데 어떤 방법으로 찾을 수 있나요?

A 자유학기에는 학생들의 희망에 따라 동아리 활동, 예술·체육 활동, 선택 프로그램 참여 등 다양한 체험을 하고, 여러 직업의 사람들을 만나거나 직접 방문하면서 끊임없이 자신을 탐색하는 시간을 갖게 됩니다.

※ (동아리 활동) 문예 토론, 라인 댄스, 웹툰 제작, 과학 실험, UCC 제작 등

(예술·체육 활동) 국악, 연극, 영화, 만화·애니메이션, 사진, 스포츠 클럽 활동 등

(선택 프로그램) 창조적 글쓰기, 한국 예술 발견, 드라마와 문화, 미디어와 통신 등

(진로 체험 활동) 진로 캠프 참여, 부모님 직장 탐방, 전일제 진로 체험, 명사 특강 청취 등

축구를 해보지 않은 사람이 자기가 축구를 좋아하는지, 축구에 소질이 있는지 알 수 없는 것처럼, 학생들은 다양한 체험 활동을 통해 무엇을 좋아하는지, 무엇을 잘할 수 있는지 알게 됩니다. 자유학기제는 자신의 꿈과 끼를 찾기 위해 즐겁고 행복한 학교생활을 하도록 하는 것이 목표입니다.

🗨️ 고교학점제 Q&A

Q 어떻게 수업을 받나요?

A 대학생처럼 듣고 싶은 과목을 학생이 선택하면 됩니다. 현재는 거의 모든 고교에서 입시 준비 편의를 위해 학생을 문·이과로 나누어 일률적으로 시간표를 짭니다. 그러나 학점제를 도입되면 학생마다 시간표가 제각각 달라집니다. 학교는 교사 수급 사정에 따라 심화·선택 과목을 다양하게 개설할 수 있습니다.

예 영어 과목의 경우 '심화 회화, 작문' 수업을 개설할 수 있습니다.

Q 모든 과목을 선택해서 듣나요?

A 아닙니다.

교육 과정에서 규정한 필수 공통 과목은 의무적으로 수강해야 합니다. 현재는 총 교과 이수 단위(180단위) 중 국어, 수학, 영어, 한국사, 공통사회, 공통과학 등 94단위를 필수 이수 단위로 지정하고 있습니다. 따라서 나머지 86단위를 원하는 과목으로 들을 수 있습니다.

Q 고교 내신은 절대 평가로 바뀌나요?

A 당장 바뀌는 것은 아닙니다.

내신을 현행 9등급 상대 평가에서 절대 평가(성취평가제)로 바꾸기 위해선 대입 제도 개선, 고교 체제 개편과 연계해 종합적 검토할 필요가 있다는 것이 교육부 입장입니다. 하지만 고교학점제 정착을 위해 본인이 열심히 하면 좋은 점수를 받는 절대 평가가 도입할 가능성이 높습니다.

Q 학교 교실 부족, 교사 업무량 급증, 지역 간 격차 확대 등 우려스러운 점이 매우 많습니다. 이에 대한 대책이 있는지요?

A 연구 학교 운영 등을 통해 필요한 증축 규모를 추산해 시설을 확충해나갈 방침입니다. 지역 공공기관, 대학 등 유휴 공간을 공동 수업 공간으로 사용하는 등의 방안도 고려 중입니다. 또 교사들이 수업과 평가에 전념할 수 있도록 행정 업무 경감을 추진하고 한 교원이 관련 전공 내에서 다양한 교과를 지도할 수 있도록 교원 제도도 장기적으로 개선할 방침입니다.

Q 연구 선도 학교 운영 계획은 어떻게 되나요?

A 교육부는 연구 학교 총 60곳(일반고 30, 직업고 30)을 지정하고 학교당 매년 4000~5000만 원을 3년간 지원합니다. 과목 수 확대 부담을 완화하기 위해 학교마다 교사를 1명 이상 증원합니다. 선도 학교도 전국에 40곳을 지정해 예산 1000만 원을 지원할 예정입니다.

2

꿈을 찾아가는
7가지 질문법

1

나는
누구인가?

'나는 누구인가?'

많이 들어봤지만 그만큼 진지하게 생각하지 못하고, 생각을 하더라도 쉽게 정리되지 않는, 그야말로 철학적인 질문이다.

철학은 인류가 무수한 현상 및 사물을 접하며 '왜?'라는 질문을 던지는 것으로부터 시작되었다. 즉 모든 현상과 사물에 대해 '이건 왜 그럴까?'라는 질문을 던지고, 그에 대한 합리적 대답을 제시하려 노력하는 데서부터 비롯된다. 사실상 모든 학문이 '왜 그럴까?' 하는 궁금한 마음, 즉 문제의식에서 시작되는데, 철학은 수많은 학문의 근원이니 더욱더 그렇다.

여러 분야별 현상과 사물에 대한 물음표 중 '나는 누구인가?'는 내 존재 가치와 존재 이유까지를 포함하는 무척 어려운 질문이다.

'나는 누굴까?'라는 질문에 여러분은 어떤 대답이 떠오르는가?

"나는 교사입니다."

"나는 중학생입니다."

교사나 중학생이라는, 곧 신분이나 직업은 얼마든지 변할 수 있다.

"나는 키가 큽니다."

이것은 자신의 외형적 특징에 대한 서술일 뿐 기준 또한 모호하다. 요컨대 키가 163센티미터라면 바라보는 관점에 따라 크다고 하는 사람도 있고 작다고 하는 사람도 있을 수 있다.

"나는 이주연입니다."

이 답은 여러 사람이 자기 자신을 하나의 이름으로 편리하게 부르는 것일 뿐이다. 게다가 이 이름마저도 바뀔 수 있다.

'나는 누구인가?'라는 물음에 대해서는 철학자뿐 아니라 폴 고갱 같은 예술가, 빅뱅 이론을 연구하는 우주물리학자까지 다양한 측면에서 탐구하고 있다.

예술가인 고갱은 자신을 이해해주는 유일한 존재인 딸의 죽음에 고통스러워하며 자살을 결심하고 인간 존재의 근원을 고민하는 다분히 철학적인 주제의 그림을 그렸다. 1897년에 그린 '우리는 어디에서 왔는가? 우리는 누구인가? 우리는 어디로 가는가?'가 바로 그것이다.

그림은 오른편 아래 갓 태어난 아이부터 맨 왼편의 죽음을 앞둔 노인에 이르기까지 인간 존재의 가치는 무엇인지에 대해 화가 특유의 감성으로 표현하고 있다.

한편 과학에서 인간은 자연의 일부다. 따라서 자연이 어떻게 탄생했는지, 즉 우주가 어떻게 탄생했는지 증명해나가다 보면 그 실마리를 찾을 수 있을 것이라는 단서에서 출발한다. 나는 누구인가에 대한 철학적 물음을 우주 탄생에 대한 과학적 이론과 함께 천착하는 것이다.

직업인으로서 나에 대한 철학적 접근

'나는 누구인가?'라는 문제와 관련한 서강대학교 최진석 교수의 답변은 큰 공감이 간다. 철학자인 최 교수는 내가 누구인지 알기 위해서는 자기 자신의 주인으로 사는 것에 대해 치열하게 고민해봐야 한다고 말한다. 아울러 그 문제에 대해 월등한 성취를 이룬 철학자 2명을 꼽았다. 서양에서는 니체, 동양에서는 장자(莊子)다.

《장자》 '천도편(天道扁)'에는 윤편(輪扁)이라는 수레바퀴 깎는 사람 이야기가 나온다. 어느 날 제나라 환공(桓公)이 책을 읽고 있는데, 대청마루 아래에서 수레바퀴를 만들던 윤편이 망치와 끌을 내려놓고 환공에게 물었다.

"공께서는 무슨 책을 읽고 계십니까?"

"성인의 말씀이니라."

윤편은 그 성인이 지금 살아 있는지 물었고, 환공은 이미 돌아가셨다고 대답했다. 그러자 윤편은 다음과 같이 말했다.

"공께서 읽고 계신 책은 성인들이 남긴 찌꺼기일 뿐입니다."

이에 화가 난 환공은 그 말에 합당한 설명을 하지 못하면 죽음을 면치 못할 것이라고 으름장을 놓았다.

그러자 윤편은 다음과 같이 말했다.

"저는 평생 수레바퀴 깎는 일을 해왔습니다. 수레바퀴를 조금 느슨하게 깎으면 바퀴 축이 헐렁해서 쓸모가 없어지고, 조금 빡빡하게 깎으면 바퀴축이 들어가지 않아 쓸 수가 없습니다. 그런데 이렇게 더도 덜도 아니게 적당히 깎는 것은 내 손에서 벌어지는 일이고 내 손에서 나온 감각이 맞추는 것이지, 말로 할 수 있는 일이 아닙니다. 그걸 어떻게 말로 전할 수 있겠습니까?"

여기서 윤편이 성인들의 말을 '찌꺼기'라고 한 이유는 지식의 구조물, 즉 이념에 빠져 있는 상황을 비유한 것이다. 반면, 우리의 지혜가 발휘되는 공간은 지금 이 순간 살아 있는 생존의 공간이자 사건의 세계다.

이를 인용하면서 최진석 교수는 우리가 집중해야 할 것은 "오직 고유하게 자기 자신한테 맞춰져 있는 손끝에서 나오는 감각의 완성도, 즉 수레바퀴를 느슨하지도 빡빡하지도 않게 가장 정교하게 깎을 수 있도록 하는 힘"이라고 얘기한다.

최 교수의 글을 읽고 '나는 누구인가?'라는 질문에 답을 찾은 느낌이 들었다. 내가 지금 하고 있는 어떤 일에 감각을 느끼는 주체가 바로

'나' 아닐까? 주체로서 내가 그 감각을 개발하고 집중해서 자신의 진로를 찾도록 하는 데 그 핵심이 있다고 생각한다. 진로와 자신의 정체성이 연결되어 있다는 것은 바로 이런 뜻이다.

내가 평소 즐겨 보는 TV 프로그램 중에 〈생활의 달인〉이라는 것이 있다. 각 회마다 출연하는 대부분의 달인은 조그만 가게 안에서 자신의 일에 집중하는 진지한 모습으로 그려지는데, 그걸 볼 때마다 나는 존경심까지 느낀다. 자신의 남루한 일상을 긍정적으로 받아들이고 자기 일에 몰입하는 밝고 맑은 그 무엇이 느껴지기 때문이다.

그 프로그램을 보노라면 나는 과연 내 일상을 얼마나 받아들이고 현실에 집중하며 최선을 다하고 있는지 되돌아보게 된다. 그리고 '아, 저렇게 살면 되겠구나' 하는 생각이 든다. 이화여대 앞에서 베이글집을 경영하는 달인 두 분에 대한 내용을 우연히 시청한 적이 있다. 프로그램의 마지막 부분에서 그분들이 자신이 만든 베이글을 먹으며 "흠~ 맛있어~"하고 밝게 웃는 모습을 클로즈업했는데, 그 장면이 매우 인상적이었다. 자신의 일, 진로에 무척 행복해하는 마음이 고스란히 전달되었기 때문이다. 말로 표현할 수 없는, 수레바퀴를 정교하게 깎는 그 감각으로 자신의 일상에서 지혜를 발휘하며 행복을 느끼는 것이다. 나는 그 진정한 의미를 아이들에게 알려주고 싶다.

자신의 진로를 찾아가는 긴 여정 또는 어떤 직업을 가지고 살아갈 때도 베이글을 만들기 위해 밀가루를 반죽하고 '어떤 재료를 함께 넣으면 어떤 풍미가 날까?' 하며 모든 감각을 집중하고 연구하는 원리가 그대로 적용된다고 생각한다. 윤편의 말처럼 더도 덜도 아니게 적당히 깎는 게 자신의 손에서 벌어지는 일이라는 것을 깨닫고 자신의 손에서 나온 감각을 맞추는 데 집중할 수 있다면, 그게 바로 자신의 적성에 맞는 일 아닐까.

그렇다면 나는 누구인가? 지금 이 순간 현재 일어나고 있는 사건과 감각에 집중하며 그 일을 잘하는 사람인가? 그런 사람이 바로 '나'인가?

그런 '나'는 이념이나 생각 또는 이론에 빠져 있지 않고, 우리가 발딛고 서 있는 현재에서 일어나는 사건과 감각을 중시하는 진정한 개체라고 할 수 있다. 윤편의 말처럼 말로 표현할 수 없는 그 느낌을 알아차리는 '나'의 모습을 찾아가는 것이 '나는 누구인가?'라는 물음에 대한 해답을 찾는 과정이라고 할 수 있다. 이렇듯 자신의 적성에 맞는 진로를 찾는 것은 바로 이런 '나는 누구인가?'라는 철학적 물음에 맞닿아 있다.

그럼 자신의 손끝에서 나오는 감각의 완성도를 높이면서 진로를 찾아가는 방법을 구체적으로 살펴보기로 하자.

2

어떤 인생을
살고 싶은가?

학생들과 상담하면서 나중에 어떤 삶을 살고 싶은지 물어보면 여러 가지 대답이 나온다.

"공무원이 되고 싶어요."

"봉사하는 삶을 살고 싶어요."

둘 중에서 어떻게 살고 싶은지에 대해 방향을 잘 잡고 있는 친구는 누구일까? 공무원이 되고 싶은 친구는 직업을 말했을 뿐이다. 반면 봉사하면서 살고 싶다는 것은 어떤 인생을 살고 싶은지에 대한 대답을 어느 정도 했다고 볼 수 있다. 그렇다면 이어서 더 구체적으로 물어볼 수도 있다. 예를 들면 이렇게 말이다.

"그럼 어떤 방법으로 봉사하고 싶은데?"

어떤 인생을 살고 싶은지에 대한 물음에는 봉사하는 삶, 자신의 근원에 집중하는 종교적 삶, 모험적 삶, 물질적 풍요가 중요하다고 생각하는 삶 등 다양한 답이 있을 수 있다. 이는 어떤 가치관을 갖고 있느냐에 따라 다르다.

우리는 어떤 일을 결정할 때, 자신의 가치관에 따라 선택이나 행동의 기준이 달라진다. '가치'란 말 그대로 어떤 사물이나 대상의 값어치를 말한다. 즉 가치는 사람에게 중요하거나 좋은 무언가를 일컫는 말인데, 이에 대한 자신만의 관점을 '가치관'이라고 한다. 가치관은 곧 가치에 대한 구체적 판단을 포함한 하나의 관점이라고 볼 수 있다.

그래서 가치관에 따라 삶의 목표와 방향도 달라지곤 한다. 어떤 선택을 해야 하는 상황에서 가치관이 그 판단의 기준이 되기 때문이다. 가치관은 자신의 삶에서 무엇이 좋고 나쁜지, 어떤 것이 옳고 그른지 등을 판단하도록 하는 기준 또는 원칙이기도 하다. 가치관은 불확실하거나 혼란스러운 상황에 빠졌을 때 문제를 해결하기 위한 판단 기준을 제시할 수 있다. 그래서 다른 사람과 더불어 살아가는 일상생활에서 흔들리지 않는 공정한 기준을 가지고 자신을 위한 삶, 자신이 원하는 삶을 살도록 도와준다.

물론 이때 객관적 도구가 필요하다. 서울특별시 교육연구정보원에서는 창의적 체험 활동에서 진로 활동 지도 자료로 다음과 같은 검사지를 제시한다. 실제로 자신의 가치관을 체크할 수 있는 검사지다. 추상적이고 손에 잡히지 않는 느낌으로 다가올 수 있는 문제를 구체적으로 체크하면서 자신의 가치관을 점검하는 자료다.

나의 직업 가치관과 생활 태도

- 각 번호의 두 항목을 비교하여 더 좋다고 생각되는 것에 ○표를 해보세요.

	직업 선택의 중요도	○표
1	보람을 얻는 것보다는 보수를 많이 받는 것	
	보수를 많이 받는 것보다는 보람을 얻는 것	
2	명예와 존경보다는 권력과 지위를 얻는 것	
	권력과 지위보다는 명예와 존경을 받는 것	
3	직장보다 화목한 가정생활이 우선	
	가정보다 성공적인 직장 생활이 우선	
4	근무 환경이 좋지 않더라도 보수가 좋은 직장	
	보수가 적더라도 근무 환경이 좋은 직장	

- 장래에 어떤 생활 태도로 살아가고 싶은지 자신의 생각에 가까운 것 3개를 골라 순위를 정해보세요.

나의 생활 태도	○표
1. 돈을 많이 벌어 부유한 생활을 하고 싶다.	
2. 평범할지라도 평탄한 생활을 하고 싶다.	
3. 사소한 걱정 없이 마음 편한 삶을 살고 싶다.	
4. 돈을 많이 벌기보다는 내가 하고 싶은 일을 열심히 하고 싶다.	
5. 돈을 많이 벌기보다는 보다 나은 사회를 이룩하는 데 힘쓰고 싶다.	
6. 취미 생활을 통해 교양을 쌓고 정신적으로 풍요로운 생활을 하고 싶다.	

▶ 그 생활 태도를 1순위로 고른 까닭을 적어보세요.

▶ 1순위로 고른 생활 태도와 관련된 직업에는 어떤 것이 있는지 생각해서 적어보세요.

이와 같이 일정한 가치관에 따른 기준으로 어떻게 살 것인지에 대한 방향을 잡았으면 그에 맞는 꿈과 연결시켜보자. 이렇게 큰 윤곽이 잡히면 그 꿈을 위해 어떤 직업을 가질지에 초점을 맞추는 것이 체계적인 순서라고 할 수 있다. 예를 들어 모험적 삶을 살고 싶은 학생은 늘 새로운 것에 비중을 두고 새로운 환경을 개척하는 꿈을 그릴 수 있다.

만 22세의 나이에 세계 최연소 극지 마라톤 그랜드슬램을 달성한 사람이 있다. 바로 윤승철 씨다. 네이버 지식백과에 '극지 마라톤 그랜드슬래머'로 등재되어 있기도 하다.

다음은 이와 관련한 네이버 지식백과의 내용이다.

"극지 마라톤 그랜드슬래머란 사하라 사막, 아타카마 사막, 고비 사막 레이스와 남극 마라톤을 한 해에 모두 완주한 사람을 말하는데 참가자들이 식량, 취침 장비, 의복을 짊어지고 6박 7일 동안 사막이나 극지 250킬로미터를 달리는 경기다. 2012년 기준 전 세계에서 29명만이 그랜드슬램을 달성했다. 한편 동국대는 2012년 12월, 문예창작과 3학년에 재학 중이던 윤승철이 11월 22일부터 12월 3일까지 남극 킹조지섬 등 모두 10개 섬에서 250킬로미터를 달리는 남극마라톤대회를 완주해 22세의 나이에 세계 최연소 극지마라톤 그랜드슬래머가 됐다고 밝혔다. 종전의 4대 극지 마라톤 최연소 그랜드슬램 기록은 2010년 호주 여성 서맨사 개시가 세운 27세이다."

자신이 원하는 것을 위해 해야 할 일

윤승철 씨가 자신이 원하는 삶을 위해 어떻게 노력했는지 살펴보자. 첫째, 그는 평발에 하지 정맥류를 치료하면서 꾸준히 연습했다. 둘째, 4000여 만 원에 달하는 대회 참가비를 마련하기 위해 기업에 후원 제안서를 보냈다. 그는 처음 제안서를 보낸 30여 개 기업에서 모두 거절당했다. 그래도 포기하지 않고 무엇 때문에 거절했을까 고민하며 제안서 내용을 수정해 100여 곳의 기업에 다시 보냈다. 그리고 마침내 경비를 전액 지원받아 극지 마라톤 그랜드슬래머를 달성할 수 있었다. 아울러 그 경험에 이어 무인도 탐험가로 또 한 번 자신만의 프로그램을 만들어 여러 사람과 이를 공유하고, 여기서 경제 활동까지 하고 있다. 마치 다양한 형태의 인생 샘플을 보는 느낌이다.

윤승철 씨는 어느 한 곳으로만 질주하지 않아도 된다는 것을 보여주는 실례다. 어떤 형태로 살든 자신의 의지대로 멋있게 살 수 있다는 걸 몸으로 보여주고 있는 것이다.

그는 이렇게 말한다.

"도전을 너무 거창하고 어려운 것이라고 생각하지 않았으면 좋겠어요. 문과생이 뇌 과학책을 찾아보는 것도 새로운 도전이잖아요. 부담 없이 자신이 관심 있는 것을 찾아보는 것부터 시작하면 돼요. 저는 무인도로 떠나기 전 인터넷 검색밖에 한 게 없어요. 하지만 책상에 앉아 아무리 고민해도 답이 안 나오더라고요. 그래서 무작정 떠나고 봤죠.

해보고 싶은 일이 있다면 일단 시작해보는 게 중요한 것 같아요."

생각만 하지 말고 일단 실천해보는 것이 중요하다. 꿈은 어떤 형태로 꾸어도 좋다. 다만, 그것을 준비하는 데는 공통적으로 필요한 게 있다.

윤승철 씨의 경우는 자신이 하고 싶은 일을 하기 위해 재활 훈련을 하고, 매일 10킬로미터 이상을 뛰면서 준비를 철저히 했다. 기업에 낸 제안서가 모두 거절당했을 때도 상대방이 무엇 때문에 그랬을까에 집중했다. 그리고 제안서를 다시 수정해 더 많은 곳에 보낸 끈기와 용기가 매우 인상적이다. 우리 모두에게 지금 당장 매일 10킬로미터를 뛰는 규칙적인 노력과 거절당했을 때 상대방이 무엇을 원하는지 고민하고 그보다 3배 더 많은 제안서를 보내는 끈기가 있다면, 자신이 원하는 일을 100퍼센트 달성할 수 있을 것이라고 확신한다.

자신이 어떤 인생을 살고 싶은지 한 번 구체적으로 생각해보자. 그 뒤에 반드시 따라야 할 것은 바로 '지속적인 노력과 끈기'다.

3

나는 무엇을 위해
공부하는가?

'나는 무엇을 위해 공부하는가?'

이 주제는 사회에서 말하는 어떤 특정 직업을 의미하거나 성공의 개념으로 말할 수 없는 문제다. 그보다는 자아실현이라는 방향에 맞춰 이야기하는 게 오히려 맞다. 그렇다면 자신의 마음속에서 일어나는 그 무엇이 동력이 되고, 그 동력으로 공부에 몰입하는 의미 또한 깊어진다고 할 수 있다.

▌동기 이론: 내적 동기 이론

마음속 깊은 곳에서 일어나는 그 어떤 것'을 학습 이론 중 '내적 동기' 이론으로 설명해보자.

학습 동기와 관련해 내적 동기 이론에서는 어떤 대상에 대해 '기대'하는 것과 그 '가치' 요인이 함께 작용한다고 한다. 자신이 추구하는 게 '가치' 있다고 느껴질 때 내적/외적 동기가 생기고, 거기에 몰입하게 된다는 것이다.

내적 동기는 수행 과제에 내재해 있거나 개인의 내적 특성 때문에 생긴다. 다시 말해 무엇보다 공부 자체가 재미있을 때 내적 동기가 많이 발생한다. 여기서 내적 동기란 활동 자체에서 오는 만족과 즐거움 때문에 행동을 수반하는 능동적 힘을 의미하며, 외적 동기란 활동을 함으로써 받는 칭찬이나 상 때문에 행동을 수반하는 수동적 힘을 의미한다.

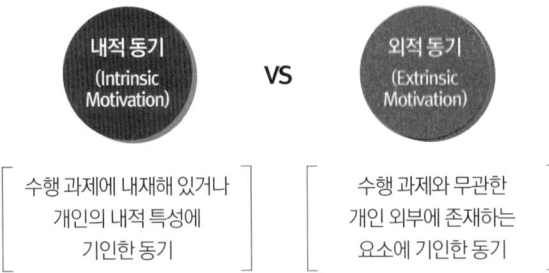

동기 이론: 자기 결정 이론

자기 결정 이론(self-determination theory, SDT)은 에드워드 데시(Edward Deci)와 리처드 라이언(Richard Ryan)이 주장한 것으로, 사람이 활동을 할 때 내적인 이유와 외적인 이유가 어떻게 작용하느냐에 따라 결과가 전혀 다를 수 있다고 말한다. 이 이론에 따르면 동기는 개인 스스로의 완전히 내적인 통제(예: 흥미, 호기심)에 의해 이루어졌을 때 가장 높으며, 내적인 이유는 전혀 없고 순전히 외적인 통제(예: 강제, 강요)에 의해 행동했을 때 제일 낮다. 물론 우리의 일상과 현실은 완전히 내적인 통제만으로 이루어질 수도 없고, 완전히 외적인 통제만으로 이루어질 수도 없다 그 사이에는 다양한 통제 유형이 존재한다. 따라서 교육적 측면에서 아이들에게 내적 동기와 외적 동기를 어떻게 이해시키고, 이를 함양하기 위해 어떤 전략을 적용하느냐가 매우 중요하다.

에드워드 데시와 리처드 라이언의 실험은 12명의 통제 집단과 12명의 실험 집단으로 나뉘어 3일간 3세션에 걸쳐 이루어졌다. 각 세션을 진행하는 동안 피험자들은 종이에 그려진 퍼즐의 형상을 보며 소마 큐브(soma cube)를 맞춰야 했다. 실험은 피험자로 하여금 탁자 앞에 앉아 일정 시간 동안 소마 큐브를 하게 한 후 약 8분 정도 실험실에 피험자를 혼자 남겨두는 방식으로 진행되었다. 그리고 피험자가 혼자 보내는 자유 시간 중 퍼즐을 하는 시간이 얼마나 되는지 관찰했다.

첫 번째 세션: 통제 집단과 실험 집단 모두에게 외적 보상을 주지 않았다.

두 번째 세션: 실험 집단은 소마 큐브 형상 하나를 완성할 때마다 1달러의 외적 보상을 받았고, 통제 집단에게는 아무런 보상도 주지 않았다. 이때 아무런 보상도 받지 않는 상태에서 자유롭게 소마 큐브를 한다는 것은 내적 동기 부여라고 볼 수 있다.

세 번째 세션: 또다시 통제 집단과 실험 집단 모두에게 외적 보상을 주지 않았다.

결과적으로 세션 1과 비교해 세션 2에서 외적 보상을 했을 때 피험자는 자유 시간 동안 퍼즐 작업에 더 많은 시간을 할애했다. 어쩌면 보상이 있으니 더 많이 했다고 할 수 있다. 그러나 세션 3에서 다시 1달 러씩 주던 외적 보상을 하지 않자 세션 1 때보다 적은 시간만 큐브를 했다. 즉 금전적 보상을 받은 피험자는 처음엔 열심히 참여하다가 보상이 지속되지 않자 참여율이 현저히 떨어졌다. 이는 외적 보상으로 참가자들에게 보상을 제공하면 일시적으로 능률이 오르더라도 지속적이지 못하다는 것을 의미한다. 오히려 내적 동기 부여가 감소되는 경향을 나타냈다.

아이한테 하는 칭찬도 외적 보상에 들어갈까?

여기서 잠깐! 외적 보상을 섣불리 주는 것을 조심해야 한다. 외적 보상이란 학습 활동 자체와 관계없이 타인에 의해 통제되는 돈이나 음식 그리고 특권 등을 말한다. 예를 들어 '중간고사 시험을 잘 보면 스마트폰을 바꿔주겠다는 것'은 외적 보상이다. 과제에 대한 외적 보상이 내적 흥미와 동기를 떨어뜨린다는 비판도 있다. 아이에게 숙제를 하면 장난감을 사주겠다거나 평소 원하는 것을 해주겠다고 하는 것도 외적 보상에 들어간다. 문제에 정답을 이야기할 때마다 구체적이지 않은 칭찬을 받은 학생은 그렇지 않은 학생에 비해 쉬운 문제를 선택하는 경향이 있다.

자기 결정 이론에서 말하는 진정한 동기 부여 방법은 무엇일까?

한편 에드워드 데시와 리처드 플래스트(Richard Flaste)는 "동기 부여 기법이나 자율성 확보 기법 따위는 없다"고 단언한다. 심지어 동기 부여는 외부에서 어떤 기법이나 전략으로 해줄 수 있는 게 아니라고까지 말한다. 자신을 책임지고 관리하겠다는 결심을 통해 생기는 진정한 동기가 바로 내적 동기다. 그들은 외부에서 주어지는 동기 부여는 현실적으로 불가능하다고 주장한다. 내적 동기는 개인이 스스로 변화의 이유를 찾았을 때, 그리고 부적응 행동의 바탕에 숨은 불만과 무능력 · 분노 · 고독 등 다양한 감정과 대면하고 해당 감정을 본인 스스로 해결할 마음을 먹었을 때에야 비로소 마련된다고 한다. 하지만 결단조차 할 수 없는 마음, 또는 개인적으로 의미를 부여할 변화의 계기가 없는 경우, 그리고 외부의 강제로 인한 상황일 때는 결코 동기 부여가 되지 않는다.

우리 아이에게 해줄 수 있는 내적 동기 부여 방법에 대한 고민

에드워드 데시와 리처드 플래스트는 아이의 내적 동기는 본인만이 해결할 수 있다고 했지만, 교육자 입장에서 학생을 그대로 방치할 수만은 없다. 어떤 방식으로든 내적 동기를 찾도록 도와줘야 한다. 또한 적어도 학생이 갖고 있는 내적 동기를 방해하지 않는 방법을 고민하지 않을 수 없다.

아이가 스스로 그리스·로마 신화에 대한 만화책을 읽고, 레고를 맞추고, 수학 문제를 풀고 있는데 누군가 갑자기 그 대가를 지불한다고 가정해보자. 뭐가 됐든 그런 보상은 지속적일 수 없다. 그리고 나중에 그 보상을 중지하면 어떻게 될까? 잘하고 있다가도 외적 보상이 없어지면 오히려 그만두게 된다. 거듭 말하지만 무분별하고 구체적이지 않은 칭찬 또한 이런 외적 보상에 포함된다.

자신에게 선택권이 있으며 관련 기술과 지식을 갖추고 목표를 향해 나아간다는 느낌을 받을 때 아이들은 열정적으로 공부하고, 이때 내적 동기가 생긴다.

학부모를 대상으로 강연하며 아이들의 학원, 체험 활동, 식사 메뉴 등 일상의 많은 것을 어떻게 결정하는지 질문한 적이 있다. 그런데 놀랍게도 그런 것을 부모가 정해주는 게 아이의 시간을 효율적으로 관리하고 사랑과 관심을 많이 주는 것이라고 생각하는 분이 꽤 많았다. 교육열이 높은 부모일수록 그렇게 생각하는 경향이 강했다. 그러나 어떤 학원을 다닐지, 된장찌개를 먹을지 스파게티를 먹을지, 어떤 아이스크림을 먹을지 부모가 결정해주는 게 아이에 대한 배려는 결코 아니다. 우리는 알게 모르게 일상에서 이처럼 아이들의 선택권을 수없이 빼앗고 있는지도 모른다.

그렇다면 어떻게 해야 아이가 내적 동기를 갖고 공부하도록 도와줄 수 있을까?

여기서는 내적 동기가 생기도록 하는 방법에 주목해보자. 수행 과제 자체에 내재해 있는 동기, 즉 공부 자체가 재미있어지는 경우를 살펴본다.

공부 자체가 재미있어지려면 어떻게 해야 할까? 먼저 작은 차이에 집중하고, 현실적으로 실현 가능한 만큼만 공부하고, 공부를 미뤄 쌓이지 않도록 한다. 이렇게 하면 성공 경험을 매일매일 맛볼 수 있다. 필자의 전작 《10분 몰입 공부법》은 그 구체적인 방법을 자세히 소개한다. 여기서 '10분 공부법'이란 자투리 시간을 활용하고 공부할 내용과 범위를 작게 나누어 반복하는 것을 말한다.

일단 오늘 학교에서 배운 내용은 오늘 모두 복습하는 것이 원칙이다. 학교의 수업 시간은 평균 6시간이다. 그중 학급 회의나 학년 내 활동과 예체능 과목을 빼면 아이가 직접적으로 그날 배운 것을 복습해야 할 과목은 3~4개 정도다.

먼저 한 과목당 하루 수업 시간에 배운 교과 내용과 프린트(학교 선생님에 따라 다르겠지만)를 한 줄 한 줄 읽으면서 완전히 이해했는지 살펴보자. 때로는 공식이나 단어 등 외워야 할 것도 있다. 외워야 할 것은 외운다. 그리고 외운 것을 연습장에 써본다. 가족한테 자신이 외운 것을 확인하는 것도 좋은 방법이다. 이때 외운 내용을 이해한 다음 머리에 숙지하는 것이 필수다. 공식이나 단어, 연대 등은 단순 암기를 해야 하는 것이다. 그뿐만 아니라 전반적인 내용을 '암기하는 것과 같은 단계'를 거쳐 자신의 것으로 만드는 단계가 반드시 필요하다. 이는 내용을 반복해서 보고 익히는 과정에 해당한다. 여기서 잠깐! '암기하는 것과 같은 단계'를 이해하지 않고 외우기만 하는 것으로 오해해서는 절대 안 된다. '암기하는 것과 같은 단계'란 한 번 이해한 것을 여러 번 반복해서 완전히 자신의 것으로 만드는 단계를 말한다. 이렇게 하면 누군가 그 내용에 대해 갑자기 물어도 0.1초 만에 즉각 대답할 수 있다.

요즘은 수업을 너무나 잘하는 선생님이 학원이나 인터넷상에 매우 많다. 이런 선생님들의 강의를 듣는 것으로 해당 과목 공부를 열심히 했다고 '착각'하지 않도록 하자. 그런 분들의 강의를 들으면 겨우 이해 정도만 했음에도 자신이 그 내용을 잘 공부했다고 생각하기 쉽다. 그렇게 다음 단계로 계속 넘어가면 나중엔 감당할 수가 없다.

따라서 일단 설명을 들었다면 반드시 자신의 것으로 만드는 단계가 필요하다. 그 내용을 반복해서 대뇌에 각인시키는 것이다. 좀 더 쉽게 말하면, 바로 '암기하는 것과 같은 단계'다. 이해한 후에는 반드시 '암기하는 것과 같은 단계'를 거쳐야 한다. 이 단계를 거치지 않으면 분명히 안다고 생각한 것도 시험을 볼 때 헷갈리기 십상이다.

'무엇을 위해 공부하는가?'

이 문제를 자신의 내적 동기에서 찾아보자. 어떻게 하면 마음속 깊은 곳에서 일어나는 동기를 가지고 꾸준히 공부할 수 있을까?

일상의 대부분 시간을 보내는 학교 공부가 밀리지 않도록 복습하면서 현실에 집중하다 보면 아주 조금씩 실력이 쌓이는 미세한 차이를 느끼고 집중하게 된다. 그리고 자신의 진로를 설계하며 멀리 앞을 내다보는 관점을 가질 수 있다. 자신의 꿈을 그리고 찾기 위해 공부하는 것이라는 걸 자녀 스스로 깨닫게 하자. 그리고 현실로 돌아와 지금 당장 할 수 있는 일에 집중하도록 하자. 자신의 빅 픽처인 꿈을 위해 열심히 공부해보는 것이다. 이는 자아실현, 곧 진정한 '내가 되는 것'과도 관련이 있다.

4

내가 좋아하고
잘하는 것은 무엇인가?

다음의 그림은 서울특별시교육연구정보원의 창의적 체험 활동 중 '진로 활동 자료집'에서 가져온 것이다.

• 내가 좋아하거나 잘할 수 있는 일을 적어보세요. 그리고 공통점을 찾아보세요.

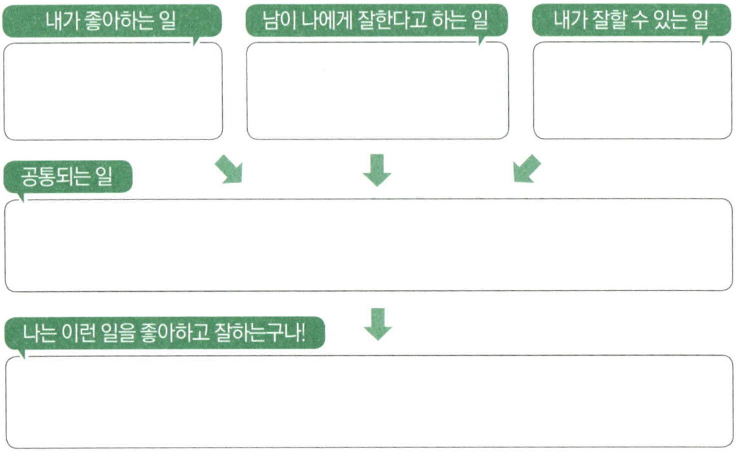

내가 좋아하는 일	남이 나에게 잘한다고 하는 일	내가 잘할 수 있는 일

공통되는 일

나는 이런 일을 좋아하고 잘하는구나!

위 그림은 자신이 어떤 일을 좋아하고 잘하는지 알아볼 수 있도록 잘 도식화되어 있다. 특히 자신이 잘하는 일과 좋아하는 일을 동시에 만족시킬 수 있는 것을 찾아야 한다는 점을 분명히 한다. 그뿐 아니라 객관적으로 다른 사람이 보기에도 잘한다고 인정받는지 알아보는 과정 또한 필요하다고 지적한다. 즉 '남이 나에게 잘한다고 하는 일'과도 교집합으로 만족시켜야 한다는 얘기다.

구체적으로 적어본다

자신을 알아가고 계획을 세우고 실천하는 과정에서 매우 중요한 것은 '구체적으로 써보는 것'이다.

'난 무엇을 좋아하지?' 하면서 머릿속에 무수히 많은 것을 떠올렸다가도 친구를 만나 아이돌 이야기를 하면 금방 잊어버리는 아이들이 있다. 그런 일상을 반복하지 않으려면 수없이 떠오르는 생각들을 정리해 그중 어느 하나에 집중할 수 있어야 한다. 그리고 끝까지 그것을 쫓아가 마무리 짓는 것이 중요한데, 이때 효과적인 방법이 바로 '써보는 것'이다. 쓰다가 중간에 멈췄더라도 나중에 이어서 다시 진행하면 된다. 쓰는 과정을 통해 자신의 생각을 명료화시킬 수 있다.

그렇게 정리하다 보면 자신이 '좋아하는 것'과 '잘하는 것'이 매우 다르다는 걸 발견할 수도 있다.

농구 황제 마이클 조던(Michael Jordan)은 어릴 때부터 야구 선수가 꿈이었다. 그래서 NBA 우승을 세 번이나 일궈낸 후 마이너리그에서 인생을 새롭게 시작했다. 그는 이렇게 말했다.

"농구할 때 했던 피나는 노력을 야구에도 똑같이 쏟는다면 충분히 성공할 수 있을 것이다."

그러곤 자신의 열정을 마이너리그에 쏟았다. 하지만 이런 노력에도 불구하고 그는 야구에서 성공하지 못한 채 다시 NBA로 복귀했다. 그리고 NBA 복귀 후 또다시 세 번의 우승을 견인해냈다.

우리는 마이클 조던의 경우를 놓고 진로와 관련해 많은 생각을 할 수 있다. 요컨대 어떤 일에서 최고가 되려면 연령과 시기, 환경, 인간관계 등 여러 가지 요인이 복합적으로 작용해야 한다. 아무리 열심히 노력한다 해도 이러한 요인을 충족하지 못하면 실패할 확률이 높다. 마이클 조던에게 '야구냐, 농구냐'는 본인이 잘하는 것과 좋아하는 것의 차이뿐만 아니라 이러한 요인의 중요성을 잘 보여준다.

독서와 공부를 통해 자신이 좋아하는 것을 찾아보자

서점으로 소풍 가기를 권한다. 대형 서점은 특히 분야별로 도서를 정리해놓아 책 소풍을 가기에 좋다. 때로는 파주 헤이리마을에 있는 북카페에도 놀러가는 등 책 읽는 즐거움을 많이 경험해봤으면 좋겠다. 진열되어 있는 책 중 어떤 쪽에 관심이 많이 가는지, 자기 자신을 적합한 환경에 노출시키자. 자신을 PC방이나 큰 쇼핑몰에서 시간을 보내도록 내버려두면 거기에 익숙해질 수밖에 없다. 그러면 어느 날 서점에 가볼까 하는 마음이 생겨도 몸은 쇼핑몰이나 PC방 쪽으로 향하기 쉽다. 좋은 습관을 가지려면 원하는 환경을 스스로 만들어 자꾸 접함으로써 거기에 익숙해져야 한다.

로봇공학자가 되고 싶은 준영이(가명)가 연구소를 찾아온 적이 있다. 나는 컴퓨터 하는 것을 좋아하는지, 학교 수학 수업 시간은 어떻게 느끼는지, 특히 통계 부분에 대한 수업을 들을 때 재미가 있는지 물어보고 자신을 탐색할 시간을 준 적이 있다.

이렇게 자신을 탐색하는 방법에는 여러 가지가 있다. 그중 학교에서 각각의 과목을 공부할 때 느낌이 어떤지, 같은 노력을 기울였을 때 결과가 어땠는지 살펴보는 게 가장 기본적인 방법이다.

학교 수업은 싫어도 하루의 대부분을 보내야 하는 과정이다. 따라서 싫다고 무조건 마음을 닫아버리는 대신 일단 한 번 마음을 열고 열심히 들어보는 게 좋다. 그러면 왠지 모르게 잘 알아듣고 재미를 느끼는 과목이 있을 것이다. 물론 그 반대의 경우도 있겠지만 말이다.

연구소를 방문한 조은이(가명)는 아나운서가 되고 싶어 했다. 나는 조은이의 적성을 알아보기 위해 일주일에 책 한 권씩 읽기를 권했다. 그리고 나에게 문자로 읽은 책의 제목을 보내달라고 했다. 물론 일주일에 책 한 권 읽는 걸 힘들어하는 아이도 있고, 두세 권을 너끈히 읽는 아이도 있다. 나는 약 3개월 정도 조은이를 지켜보았다. 아이한테

시험 일정이 있거나 책 읽기에 스트레스를 받으면 약간 시간을 조절해 여유를 주었다. 이렇게 하면 아이의 책 읽기 성향을 알 수 있다. 사실 요즘 학생들은 일주일에 책 한 권을 읽을 시간도 없는 게 현실이지만, 그래도 학교 숙제 때문에 읽어야 할 책은 있을 것이다.

조은이가 읽은 책 목록을 보면 그 아이가 어떤 분야를 좋아하는지 알 수 있다. 아나운서라는 꿈에 한발 더 나아갈 수 있을지, 아니면 방향을 조정해야 할지 생각해볼 수도 있다.

자신을 탐색하는 방법으로는 학교 공부를 과목별로 열심히 해보거나 다양한 분야의 책을 읽는 게 가장 좋다. 이때 막연히 책을 읽어보라고 하는 것보다 3개월(또는 4~6개월) 동안 일주일에 한 권씩 등 세부적인 기준을 세우면 실천 확률이 훨씬 높아진다. 이것이 바로 자신이 하고 싶은 일을 하기 위해 실천해야 할 첫 번째 단계다.

이처럼 좋아하고 잘하는 일을 찾기 위해서라도 구체적으로 적어보는 것은 필요하다. 독서 활동과 학교 공부를 병행하면서 좋아하는 분야를 발견하는 것은 매우 중요하다.

5

하고 싶은 일과
해야 할 일은 무엇인가?

우리는 매 순간 하고 싶은 일이 떠오른다. TV를 보면서 춤을 잘 추는 아이돌이 있으면 그렇게 되고 싶은 생각도 잠깐, 멋있는 배우를 보면 연기 학원을 다녀볼까 생각한다. 그리고 학교에서 공부 잘하는 친구를 보면 부럽다. 오랜만에 본 친구가 다이어트를 해서 몰라보게 건강해져도 그렇게 되고 싶은 생각이 든다. 이럴 때는 항상 그들이 얼마나 많은 노력을 했을지 함께 떠올려보자.

지윤이는 고3 때까지 일명 '춘향이 머리'를 하는 등 외모에 전혀 관심을 갖지 않았다. 공부할 양이 많으니 운동할 시간은 없고, 특별히 쉴 시간이 없으니 가능하면 칼로리 계산은 해도 먹는 것으로 스트레스를 풀 수밖에 없었다. 그러니 어느 정도 살이 찌는 건 당연했다.

그런 지윤이가 대학 새내기가 되어 10킬로그램을 감량했다. 지윤이는 최대한 조금씩 먹기, 저녁 6시 이후에는 아무것도 안 먹기, 아무리 바빠도 헬스장 가서 자전거 타기를 실천했다. 거기에 대학 생활 자체가 이동량이 많은 것도 한몫한 듯하다. 다이어트를 하는 데는 먹는 게 중요한 것 같다. 그런데 먹는 행위는 단순히 식사 해결뿐만 아니라 스트레스 해소라는 의미도 있다. 그 때문에 먹는 것을 조심하면 심적 스트레스가 커질 수 있다. 다이어트를 하는 데 의지가 매우 중요한 이유다.

이처럼 자신의 목표를 위해서는 해야 할 일들이 있다. 날씬해지고 싶으면, 먹는 즐거움과 게으름 피우고 싶은 욕구를 절제해야 한다.

일단 목표를 세웠으면 '해야 할 것'에 대해 마음을 다잡고 당장 할 수 있는 일은 무엇인지 구체적으로 계획을 세운 다음 '그냥' 실천해야 한다. 물론 익숙하지 않은 것을 하려면 불편함이 따르게 마련이다. 하지만 그 불편함조차 무시하고 '그냥' 해야 한다. 이렇게 하다 보면 습관이 된다. 그 습관대로 꾸준히 하다 보면 자신이 원하는 결과를 얻을 수 있다.

목표에 대한 그림을 그렸으면 그것을 위해 해야 할 일은 무엇인지 큰 카테고리를 짠 다음 그것을 작게 나누어보자.

만약 좋아하고 또 잘하는 것이 있는데, 그게 아직 직업이라는 경제활동과 연결되지 않고 있다면 어떻게 해야 할까?

혜란이(가명)는 심리학과 졸업을 앞둔 대학생이다. 그런데 심리학을 좋아하지만 그쪽으로 취업이 안 돼서 걱정이다. 그나마 취업이 잘되는 경영학을 복수 전공해서 졸업과 동시에 회계 사무실에 출근하기로 예정된 상태인데, 그래도 자신은 심리학이 좋다면서 어떤 길로 가야 할지 고민이라고 했다. 나는 일단 취직을 했으니 회계 사무실에서 열심히 근무해보라고 권했다. 그리고 일상에서 어떤 일이 일어났을 때 자신의 마음이 어떻게 움직이는지 매일 일기를 써보라고 했다. 아울러 자신의 마음이 움직이는 원인이나 원리를 설명해주는 이론 같은 것을 담은 전문 서적을 꾸준히 읽어보라고 했다. 또한 필요하다면 야간 대학이나 대학원, 또는 사이버 대학을 다녀도 좋다고 했다.

얼마 후 혜란이에게서 안부 메일이 왔다. 아직 어떻게 해야 할지는 모르겠지만 일기를 꾸준히 쓰고 있다고 했다. 특히 그날의 사실적 사건보다는 어떤 일이 일어났을 때 자신의 마음이 어떻게 움직였는지에 초점을 맞추어 기록한다고 했다. 마침 나도 격려차 한 번 연락을 하려던 참이라 아주 반가운 소식이었다. 어쩌면 혜란이는 지금 당장은 일기 쓰기의 가치를 모르고 있을지도 모른다. 하지만 일단 실천하고 있다는 점이 중요하다. 요컨대 일상에서 자신이 할 수 있는 일을 '실천' 하고 있는 것이다. 머지않은 어느 날, 혜란이는 깨달을 것이다. 그 일기가 좋은 글감으로도 발전할 수 있다는 걸 말이다. 마음을 다루는 훌륭한 심리학 작가로 성공한 혜란이의 모습을 상상해본다.

학교에서 근무할 때 나는 1년에 한 번 급훈을 정하는 것에도 무척

공을 들였다. 매일 걸어놓고 보는 급훈은 부지불식간에 많은 힘을 주기 때문이다. 물론 내 마음대로 정할 수는 없었다. 그래서 항상 아이들과 의논해 급훈을 정했다. 아이들은 자신의 의견을 물어보는 것을 좋아하고, 자신의 의견을 반영하면 실천 의지가 높아지게 마련이다.

다음은 내가 가장 좋아했던 급훈이다.

"지금 잠을 자면 꿈을 꾸지만, 지금 공부하면 꿈을 이룬다."

꿈을 이루고 싶으면 지금 해야만 하는 일이 있다. 이것을 놓치지 말자. 복잡하게 생각할 필요 없다. 오늘 하기로 한 일을 다 마친 후 잠자리에 들면 된다.

지금 해야 할 일을 하면, 하고 싶은 일을 할 수 있다.

6

꿈을 생각하면
가슴이 뛰는가?

남녀가 자신의 꿈에 대해 이야기한다. 세바스찬(남자)은 순수한 재즈 연주가를 꿈꾸는 뮤지션이고, 미아(여자)는 6년째 배우를 꿈꾸며 오디션을 보는 중이다. 어떻게 배우를 꿈꾸게 됐냐는 세바스찬의 물음에 미아는 어린 시절 배우였던 이모와의 추억을 이야기해준다. 미아는 배우로 성공하기 위해 커피숍에서 일하며 오디션을 계속 보고 있지만 결과는 불합격이 대부분이다. 이렇게 배역을 얻는 일이 수월치 않아 실망스럽다며, 고향으로 돌아가 변호사 사무실을 개업할지 고민이라고 말한다. 이 얘기를 들은 세바스찬은 말한다. "당신은 그냥 보통 배우가 아니라 스스로 각본을 쓸 줄 아는 배우야." 미아 자신도 몰랐던 재능을 이끌어내며 용기를 준 세바스찬. 미아는 조금은 당황해하면서도 싫지 않은 표정이다. 그런 미아에게 세바스찬은 각본을 쓸 줄 아니

스스로 배역을 창조해보는 것은 어떻겠냐고 조언한다. 얼마 후 미아는 그의 말대로 자신의 꿈을 위해 각본을 쓰고 1인극을 준비한다.

영화 〈라라랜드〉의 한 장면이다. 영화는 이 두 주연 배우의 꿈을 따라간다. 그들은 꿈을 이루기 위해 각자 치열하게 살아가는데, 그러면서 서로의 꿈을 존중하는 모습이 무척 인상적이다. 서로 사랑하지만 상대방을 위해 자신의 꿈을 절대 포기하지 않는 것도 감동적이다.

세바스찬은 자신의 진정한 꿈은 아니지만 상업적인 밴드 활동을 잘하고 있다. 그 때문에 미아와 함께할 시간이 부족한 게 아쉽다. 그래서 밴드 투어를 함께하자고 미아에게 권한다. 하지만 미아는 자신의 1인극 리허설을 이유로 거부한다. 이에 세바스찬은 "리허설 같은 건 아무 데서나 할 수 있으니 함께 가자"고 말한다. 마음이 상한 미아는 오히려 세바스찬이 바쁜 것을 탓한다. 그리고 자신과 함께할 시간은 언제쯤 생기는지 묻는다. 미아와의 사랑을 위해, 현실적인 생계를 위해 자신의 꿈을 접고 상업적 음악을 하는 세바스찬은 또 한 번 마음의 상처를 입는다. 세바스찬은 미아를 위해 본인이 하고 싶지 않은 상업적 음악을 하고 있지만, 이 부분에 대해 미아는 당당하다. 미아는 세바스찬에게 그렇게 해달라고 한 적도 없고, 또 그러길 바란 적도 없다. 영화를 보는 내내 미아의 그런 당당함이 꽤 인상적이었다.

진정으로 자신의 가슴이 뛰는 일을 하기는 매우 어렵다. 현실과 꿈 사이에는 감내해야만 하는 것들이 있기 때문이다. 영화 속 세바스찬은 여자 친구인 미아가 부모님과 하는 이야기를 듣는다. 미아의 부모님은 세바스찬이 정통 재즈 뮤지션이기 때문에 아직 수입이 없다는 것을 걱정한다. 그래서 세바스찬은 자신이 하고 싶은 것을 포기하고 대중음악을 선택했던 것이다. 하지만 미아가 원하는 것은 세바스찬이 꿈을 포기하지 않는 것이다.

영화 속 세바스찬은 넓은 의미에서 보면 자신의 진로대로 가는 것이라고 말할 수도 있다. 어쨌든 음악을 한다는 의미에서는 그렇다. 하지만 그는 전자 피아노로 연주하는 대중음악으로는 자신의 음악적 감성을 충족하지 못한다. 그가 진정 원하는 것은 정통 재즈를 연주하면서 음악으로 소통하는 재즈 바를 운영하는 것이다. 세바스찬은 정통 재즈를 연주할 때 비로소 가슴이 뛰는 존재다. 우리는 세바스찬처럼 좀 더 정확하게 자신의 심장이 뛰는 일이 무엇인지 찾아내야 한다.

이는 꿈과 현실을 생각할 때 항상 부딪치는 문제일 수도 있다. 이때 꿈은 꿈일 뿐 현실이 중요하다고 말할 텐가? 또는 현실은 무시하고 꿈만 좇으면 된다고 말할 텐가? 누가 이렇게 단정적으로 말할 수 있을까? 그때그때의 상황이 있고 당사자의 결심과 노력이 많은 것을 좌우하는데 말이다.

여기서 놓치지 말아야 할 것은 미아가 세바스찬에게 한 이야기다.

"당신은 열정이 있는 사람이잖아! 사람들이 열정 있는 사람한테 이끌리는 건…… 바로 그들이 잃어버렸다고 생각했던 것을 그 사람에게서 발견하기 때문이야."

미국 문단에서 돌풍을 일으킨 중국계 작가 하진은 '세계지성신년 인터뷰'에서 다음과 같이 말했다.

"너무 현실적이 되지 마세요. 많은 아시아계 젊은이들이 미국에서 장래 수입 등 안정만을 기준으로 진로를 결정하는 것을 보면 답답할 때가 많습니다."

인생에서 확실한 것은 아무것도 없다. 그냥 가슴이 원하는 것을 따르라(In life as d human being, nothing is secure, Just follow your heart).

〈라라랜드〉의 세바스찬과 미아처럼 자신의 가슴이 뛰는 일이 무엇인지 확실히 알고 있다면 전심을 다해 노력해보길 바란다. 특히 10대, 20대에는 배가 고파도, 가난해도 초라하지 않으니 말이다.

호주에서 수년간 임종 직전 환자를 보살핀 호스피스 간호사 브로니 웨어(Bronnie Ware)는 《내가 원하는 삶을 살았더라면》에서 '죽을 때 가장 후회하는 다섯 가지'를 이야기하고 있다.

그 5가지는 다음과 같다. 첫 번째는 '내 뜻대로 한 번 살아봤다면……' 하는 후회다. 임종을 앞둔 환자들은 평생 자기 뜻대로 살아보지 못한 것을 가장 많이 후회했다. 다른 사람의 시선이나 기대에 맞춰 '가짜 삶'을 사느라, 정작 자신이 정말 하고 싶은 것을 누리는 '진짜 삶'에 대한 용기를 내지 못했다는 것이다. 실제로 말기 환자들은 삶이 끝나갈 때쯤에야 자신이 얼마나 많은 꿈을 이루지 못했는지 뒤돌아보며 부끄러워한다고 한다.

두 번째는 돈벌이 때문에 직장에 파묻혀 산 것을 후회했다. 쳇바퀴 돌 듯 직장 생활에만 몰두한 것을 후회한다는 얘기다.

세 번째는 '내 기분에 좀 더 솔직하게 살았다면, 화내고 싶을 땐 화도 내고……'라고 후회했다. 자신의 감정을 숨기고 살았던 것을 아쉬워했다는 얘기다.

네 번째는 '오랜 친구들과 만나지 못한 것'을 후회했다. 이는 앞의 두 번째, 세 번째와 함께 마음의 여유를 갖지 못한 채 산 것을 후회했다는 뜻이다.

다섯 번째는 '좀 더 내 행복을 위해 도전해볼걸'이라는 후회였다.

이처럼 사람들은 현실에 안주하느라 좀 더 모험적이고, 좀 더 변화 있는 삶을 살지 못한 점을 아쉬워했다. 다른 이들처럼 평범하게 사는 '척'하느라 삶의 활력소를 찾으려는 노력을 기울이지 못한 걸 가장 많이 후회했다.

이 5가지를 살펴보면 꿈을 위해 일하고, 자신에게 솔직하고, 소중한 사람들과 교류하고, 마음의 여유를 갖는 게 얼마나 소중한지 알 수 있다.

특히 나는 가슴 뛰는 일에 집중하되 마음의 여유는 잃지 않는 삶에 깊이 공감한다.

그런데 자신의 꿈이 무엇인지, 가슴 뛰는 일이 무엇인지 모른다면 어떻게 해야 할까?

스스로에게 끊임없이 물어보자. 이에 대한 대답은 숙제하는 것처럼 정해진 기간에 결과가 정확히 나오기 어렵다. 매 순간 과연 이것을 할 때 내 마음이 기쁘고 가슴이 뛰는가, 내가 정말 좋아서 하는 일인가, 아니면 가족이 좋아하니까 그냥 하는 것인가 되물어야 한다.

이는 생활 속의 아주 작은 일에서부터 실천해야 한다. 가족이나 친구들과 음식점에서 주문을 한다고 치자. 혹시 다른 사람이 주문하는 것을 그대로 따르는 경우가 있지 않나? 만약 그렇다면 이때도 자신이 좋아하는 것을 당당하게 주문하는 습관이 필요하다. 자신의 작은 욕구에 귀를 기울이고 그걸 표현하는 것이 내가 정말로 원하는 게 무엇인지 찾는 지름길일 수 있다. 특히 10대에는 체험 활동, 독서, 견학, 선배나 부모와의 소통 그리고 자신과의 끊임없는 대화를 통해 자신이 진정 원하는 게 무엇인지 알아내는 과정이 필요하다.

이렇게 매사에 집중하다 보면 내면의 위대한 마음이 반드시 답을 해준다. 일상의 무료함을 견뎌내는 힘이나 자신의 일에 몰입하면서 느끼는 행복감을 알게 해준다. 물론 그런 가운데 특별한 재능을 발견할 수도 있고, 그렇지 못할 수도 있다. 특별한 재능이 있는 사람은 그 재능을 찾아 활용하면 되고, 그렇지 못한 사람은 자신에게 맞는 삶을 살아가면 된다. 누구에게나 자신한테 맞는 옷이 있다. 그 옷을 찾는 일은 나 자신을 알아가는 것에 비유할 수 있다.

7

닮고 싶은
롤 모델이 있는가?

요즘은 연예인이나 스포츠 스타를 롤 모델로 삼는 아이들이 많다. 경제적으로 부유한 정도가 아이들의 미래 직업에 기준이 되고 있기 때문이다. 한편으로는 롤 모델이 특별히 없는 학생도 많다.

그런데 자신이 정한 롤 모델에 대해 정확하게 분석하지 않고 막연하게만 그렇게 생각하는 일이 비일비재하다. 자신과 그 롤 모델이 맞는지 안 맞는지 정확히 모른 채 말이다. 내 경우를 예로 들어 이야기해 볼까 한다.

'아프리카에서 의사로 봉사하는 슈바이처 박사.'

사람들에게 둘러싸여 의료 활동을 하고 있는 슈바이처 박사를 찍은 한 컷의 사진이 내 의식 저편에 자리 잡고 있는 구체적인 이유는 모르겠다. 그럼에도 오랜 세월 동안 문득문득 책장 깊숙이 있다가 불쑥 튀어나오는 팝업 카드처럼 선명하게 그 장면이 떠오르곤 한다.

슈바이처는 나의 롤 모델이었다. 하지만 줄곧 그것을 구체화시키지는 못했다. 종종 떠오르는 선명함에 비해 구체적인 디테일이 부족했던 것이다. 나는 단순히 슈바이처가 의사로서 아프리카 사람들을 위해 봉사 활동을 했다는 것 정도만 알았다.

그러던 중 슈바이처에 대해 자세히 공부할 기회가 생겼다. 그리고 봉사에 대한 슈바이처의 꿈과 그 꿈을 이루기 위해 필요했던 의사라는 직업에 대해 다시 한 번 생각해볼 수 있었다.

"1898년의 어느 청명한 여름날 아침, 나는 귄스바흐에서 눈을 떴다. 그때 문득 이러한 행복을 당연한 것으로 받아들일 게 아니라, 여기에 대해 나도 무엇인가 베풀어야만 되겠다는 생각이 들었다. 나는 자리에서 일어나기 전에 조용히 생각해본 끝에 서른 살까지는 학문과 예술을 위해 살고, 그 이후부터는 인류에 직접 봉사하기로 마음을 정했다."

슈바이처는 23세에 자신의 미래에 대해 이와 같은 생각을 했고, 그로부터 15년 뒤인 38세 때 의료 선교사로서 아프리카로 가는 배에 올랐다.

슈바이처는 30세 때 파리 선교회의 아프리카 사역에 관심을 가졌다. 그래서 23세 때 결심한 대로 기왕 선교사가 되려면 의사 자격증을 따는 편이 유리하겠다고 생각했다. 그리고 근무하던 대학교의 교수직을 그만두고 의대 공부를 시작해 6년 만에 의사 자격증을 취득했다.

슈바이처 부부가 선교지인 랑바레네에 도착했다는 소문이 퍼지자마자 멀리서부터 환자들이 하루 수십 명씩 찾아왔는데, 병원 건물이 미완성 상태라 사택 옆의 닭장을 임시 진료실로 사용했다. 슈바이처는 1952년 노벨 평화상을 수상하고 아인슈타인 등과 함께 핵무기 반대 성명을 발표하는 등 대외 활동도 열심히 했다. 하지만 주된 활동 무대는 여전히 랑바레네였다. 1957년 부인이 사망하자 슈바이처는 아프리카에 머물며 다시는 유럽 땅을 밟지 않았다. 그리고 1965년 9월 4일 90세를 일기로 랑바레네에서 숨을 거둬 오고웨 강변의 무덤에 묻혔다.

슈바이처의 꿈은 "자신의 행복을 당연한 것으로 받아들일 게 아니라, 여기에 대해 나도 무엇인가 베푸는 사람이 되는 것"이었다. 그렇게 하기 위해 교수라는 직업을 그만두고 의사와 선교사라는 직업을 선택해 자신의 꿈을 펼쳤다.

나는 슈바이처를 롤 모델로 정할 때 그가 의사였던 점이 좋았는지, 아니면 인류를 위해 봉사하겠다는 가치관이 좋았는지 잘 몰랐다. 그러다 시간이 한참 흐른 뒤 곰곰 생각해보니 의사라는 직업 자체보다는 그 의사라는 직업을 활용해 여러 사람에게 봉사하는 모습을 좋아했다는 것을 알았다. 하지만 어려서는 그 부분이 명확하지 않아 막연하게 의대를 희망했고, 상황이 여의치 않아 사범대로 진로를 결정한 탓에 왠지 내 길을 걷는 게 아닌 것 같은 느낌으로 지냈다.

사실 학생들 진학 지도를 해보면 본인이 무엇을 원하는지 정확히 모른 채 학과를 선택하고, 처음에 희망했던 학과가 아니라는 이유만으로 자신의 전공에 흥미를 못 느끼는 학생이 꽤 많다. 하지만 처음에 희망했던 학과가 자신의 적성에 100퍼센트 맞는다고 단정 지을 수는 없다. 요컨대 적성에 대한 생각은 대학에 들어가서 또는 직업을 선택한 후에도 현재 진행형일 수 있다는 얘기다.

구체적으로 생각하고 적어보는 방법은 롤 모델을 찾고 그 롤 모델을 닮아가는 과정에서 반드시 필요하다. 따라서 롤 모델에 대해 알아보거나 그 롤 모델을 따라서 자신의 꿈을 실현하고 싶을 때도 구체적이고 세밀하게 계획하고 실천해야 한다. 롤 모델의 생활은 실제 어떠한지, 그 일을 할 때 어떤 것이 어렵고 보람은 언제 느끼는지, 좌절하거나 힘든 일이 있을 때 어떻게 극복했는지를 살펴보면 자신의 진로에 맞는 실질적 정보를 얻을 수 있다. 이러한 롤 모델은 자신의 가능성과 꿈을 실현하는 데 강력한 동기를 부여한다.

롤 모델은 어떤 방법으로 정하는 게 좋을까? 물론 사람에 따라 모두 다르다. 어렸을 때 강력하게 떠오르는 영감 같은 것일 수도 있고, 책이나 영상 매체 등을 통해 접한 것 중 하나일 수도 있다.

▎롤 모델을 정하는 5가지 단계

첫째, 자신이 어떤 분야에 관심 있는지 먼저 스스로를 돌아볼 필요가 있다.

사실 롤 모델이 될 만한 사람은 너무나 많다. 그 때문에 관심 분야를 정하지 않으면 범위가 너무 넓어 롤 모델을 찾기 어렵다. 자신이 좋아하는 일은 무엇인지, 또 관심이 있어 장차 전공으로 선택하고 싶은 분야는 무엇인지 구체적으로 생각하고 그 분야에 맞는 롤 모델을 정해야 한다.

둘째, 관심 분야를 정했으면 거기서 '뚜렷한 능력이나 업적'을 남긴 인물을 탐색해본다.

우리가 이미 알고 있는 유명인일 수도 있고, 책이나 기사 등을 통해 알게 된 사람일 수도 있다. 롤 모델은 삶의 모범이기 때문에 단지 좋고 싫음을 기준으로 정해서는 안 된다. 능력이나 사회적 업적 등을 보고 선택해야 한다.

셋째, 진로와 관련한 관심 분야를 정하고 여러 인물을 탐색해보았다면 그중에서 내 롤 모델로 적합한 사람을 가려낸다. 롤 모델의 '특별한 능력이나 업적'이 내가 미래에 달성할 능력 또는 업적과 얼마나 유사한지 따져보는 것이다. 능력이나 업적은 훌륭하지만 내 미래와 직접적 연관이 없다면 과감하게 제외한다. 쉽게 말해, 타인에게 봉사하는 삶을 살고 싶은 사람이 반드시 의사여야 한다고 생각해서는 곤란하다.

넷째, 롤 모델의 전력이 내 삶과 연관이 있고 어느 정도 비슷해야 한다. 예를 들어, 내가 처한 현재 상황과 비교되지 않을 만큼 좋은 환경에서 이룬 능력과 업적이라면 롤 모델로 삼기에 적합하지 않다. 반대로 매우 불리한 환경에서 이뤄낸 결과도 모방하기 곤란하다. 성취 과정 자체가 나와 유사하다는 생각이 들어야 공감대를 형성하고 '나도 따라할 수 있다'는 생각이 들기 때문이다.

롤 모델로 삼고 싶은 사람이 있다면 그에 대해 다룬 책이나 직접 쓴 글을 읽어보는 것이 좋다. 이미 사망한 사람이라면 자서전이나 평전, 기타 자료 등을 통해 찾아본다. 롤 모델에 대해 자세히 알면 알수록 그를 본받고자 하는 마음이 강해지기 때문이다.

다섯째, 롤 모델은 진지하게 고민하고 신중하게 결정해야 한다. 자신에 대한 고민과 적극적인 탐색을 거쳐 찾아낸 롤 모델은 시간과 정성을 들인 만큼 진로를 향해 나아가는 데 강력한 동기가 될 것이다. 롤 모델의 업적이나 성취 과정에서 나의 현재 상황이나 가까운 미래에 도움이 될 만한 것들(말과 생각, 행동)이 있다면 따로 정리해둔다. 그의 말을 적어서 잘 보이는 곳에 붙여 시각화하는 것도 좋은 방법이다.

이와 관련해 내 경우를 돌이켜보자.

내 관심 분야는 어렸을 때 의사였고, 나는 그 분야에서 업적을 남긴 사람 중 슈바이처를 찾아냈다. 요컨대 진로와의 유사성을 갖고 롤 모델을 찾는 세 번째 단계까지는 어느 정도 맞았다고 할 수 있다. 그런데 네 번째 단계, 즉 롤 모델의 성취 과정이 모방 가능한 것인지에 대해 구체적으로 생각해보는 단계를 거치지 못했다. 10대 시절 롤 모델인 슈바이처에 대해 구체적으로 알아보지 않은 것은 정말 아쉬운 일이다.

성공한 사람들이 공통적으로 이야기하는 것 중 하나가 '구체적으로' 계획하고 '즉각' 행동하는 것이다. 막연하게 생각만 하는 것은 금물이다.

구체적으로 자신의 롤 모델을 찾았다면 다음 단계로 넘어가 그 사람의 사진을 책상 앞에 붙여놓자. 수시로 보면서 자신의 잠재의식에 목표를 각인시키는 것이다. 성공한 사람들은 생각이나 꿈의 시각화를 공통적으로 강조한다. 글이든 그림이든 눈에 보이도록 구체화하는 것이다. 정보화 시대에 맞게 핸드폰 액정 화면으로 설정해놓을 수도 있다. 이는 마음만 먹으면 몇 초 내에 얼마든지 할 수 있는 일이다.

2015 개정 교육 과정 Q&A

Q 개정 교육 과정의 적용 일정은 어떻게 되나요?

A 교육 과정 고시 이후 교과서 개발, 검정, 선정 등의 과정을 거쳐 2017학년도 부터 연차적으로 학교 현장에 적용합니다. 국정 교과서를 주로 쓰는 초등학 교는 2개 학년씩 연차적으로 적용합니다. 2017년에 1·2학년에 적용하고 2018년에는 3·4학년, 2019년에는 5·6학년으로 확대합니다. 검정 교과서 를 많이 쓰는 중·고등학교는 2018년부터 개정 교육 과정을 적용합니다. 2018년에 중학교 1학년, 고등학교 1학년에 적용하고 2019년에는 중학교 2 학년, 고등학교 2학년까지 적용합니다. 개정 교육 과정은 2020년에는 초등 학교 1학년부터 고등학교 3학년까지 전 학년이 배웁니다.

Q 고등학교에서 문·이과 구분이 없어지면 대학 진학을 위한 교육은 어떻게 바뀌나요?

A 개정 교육 과정에서는 문·이과 구분 없이 공통 과목을 이수하고 진학을 위 한 선택 교육도 집중적으로 받을 수 있습니다. 2015 개정 교육 과정에 따른 과목 구분은 다음의 표와 같습니다.

2015 개정 교육 과정에 따른 과목 구분

교과영역	교과(군)	공통 과목	일반 선택	진로 선택
기초	국어	국어	화법과 작문, 독서, 언어와 매체, 문학	실용국어, 심화국어, 고전읽기
	수학	수학	수학Ⅰ, 수학Ⅱ, 미적분, 확률과 통계	실용수학, 기하, 경제수학, 수학과제탐구
	영어	영어	영어회화, 영어Ⅰ, 영어독해와작문, 영어Ⅱ	실용영어, 영어권문화, 진로영어, 영미문학읽기
	한국사	한국사		
탐구	사회 (역사/ 도덕 포함)	통합사회	한국지리, 세계지리, 세계사, 동아시아사, 경제, 정치와법, 사회문화, 생활과 윤리, 윤리와 사상	여행지리, 사회문제탐구, 고전과윤리
	과학	통합과학, 과학탐구실험	물리학Ⅰ, 화학Ⅰ, 생명과학Ⅰ, 지구과학Ⅰ	물리학Ⅱ, 화학Ⅱ, 생명과학Ⅱ, 지구과학Ⅱ, 과학사, 생활과 과학, 융합과학

공통 과목으로는 국어, 수학, 영어, 한국사, 통합사회, 통합과학, 과학탐구실험이 있으며 공통 과목 이수 후에는 선택 과목을 선택해 이수할 수 있습니다. 선택 과목은 일반 선택과 진로 선택으로 나뉘며 일반 선택 과목은 화법과 작문, 독서, 수학Ⅰ, 수학Ⅱ, 영어회화, 영어Ⅰ, 한국지리, 생활과 윤리, 화학Ⅰ, 생명과학Ⅰ 등의 과목이 있습니다. 진로 선택 과목은 고전읽기, 기하, 영어권문화, 여행지리, 과학사 등이 있습니다.

교육 과정이 변경되면서 수업 방식도 학생 참여 중심으로 토의 · 토론 발표, 탐구 활동, 팀 프로젝트 등을 강화해 활동 중심의 수업으로 진행합니다. 평가 역시 학생의 수업 참여도를 학생부에 기록하는 과정 중심의 평가도 확대됩니다.

📲 상담 사례

서울대에 합격했어요.

2018학년도 3월 서울대학교 사회학과에 정시로 입학한 재호(가명)에게 온 소식입니다.

재호는 작년 여름 방학에 연구소를 방문했었죠. 재호는 외향 사교형이면서 직관형이고 인정 욕구가 강했습니다. 어머니는 내향 성향이면서 논리적이고 구체적인 정보를 선호하는 유형이었습니다. 어머니가 보기에는 재호가 어머니의 생각만큼 단계적으로 공부하는 것 같아 보이지도 않고 집중력도 떨어진다고 생각했습니다. 반면 재호의 유형은 집중력이 뛰어나고 특히 주위에서 인정받을 때 폭발적인 에너지가 나오는 유형이어서 고3 여름 방학에 어머니에게는 진심으로 믿어주라고 말씀드렸습니다. 그리고 재호에게는 성격 유형과 상담 결과를 근거로 자신의 꿈을 자극해주고 마음의 힘을 얻도록 용기를 북돋우어 주었습니다.

상담 후 사후 관리를 하는 과정에서 폭발적인 집중력으로 공부하는 것을 보며 부모님과 어떻게 하면 심리적으로 더욱 안정적으로 수학능력시험일까지 컨디션을 유지할 수 있을지에 대해서 상담했습니다.

수학능력시험 성적이 모의고사보다 좋은 성적으로 나왔고 결과는 본인이 원하는 대학과 원하는 학과를 가게 되었습니다. 보통의 경우 인문계열 남학생들은 경영 경제학과를 선호하는데 재호는 처음부터 상경계열보다는 사회과학계열을 원했고, 결국 원하는 학과에 입학했습니다.

다음은 재호와 재호 어머니와 함께 인터뷰한 내용입니다.

선생님: 재호야. 정말 축하해.

재호: 감사합니다. 선생님이 수능 보기 전에 초콜릿 선물 해주신 것도 감사드려요. 맛있었어요.

선생님 : 어머니가 수고가 많으셨죠?

재호 어머니 : 아니에요. 선생님께 감사드려요. 성적 결과를 가지고 학과를 결정하는 것도 중요하지만 시험을 앞두고 자신의 진로에 대해서 비전을 제시해주니 아이가 마음속에 동력이 많이 생긴 듯해요. 그리고 누구나 알고 있다고 생각하지만 정작 실천이 잘 안 될 수 있는 공부 방법을 실천할 수 있도록 이야기해줘서 재점검하게 되었어요.

재호: 사실 공부를 해야 하는 것은 알겠는데 마음이 심란하기도 하고 시간이 얼마 남지 않아서 때로는 집중이 안 되었는데요. 상담 받고 나서 진로에 대한 비전이 제 마음에 더 확고히 생겨서 더 집중할 수 있었던 것 같아요

선생님: 그래도 본인이 얼마나 실천하느냐가 중요한데 재호가 실천한 것이 대견하다.

재호 어머니: 상담을 받고 그것이 제 성향과 아이 성향이 다르니까 갈등이 생길 수 있다는 것을 알게 되었어요. 서로 자기 마음 같지 않은 것에 대해 힘들어했던 것 같아요. 아이를 더 이해하게 되었어요. 그러니 쓸모없는 감정 소모를 하지 않게 되었어요. 제 마음을 편히 가지니까 아이도 편안해지는 것이 느껴졌어요. 정말 중요한 시기에 적절한 도움을 받았습니다. 아이를 응원해주고 격려해주시는 말씀도 아이에게 많은 힘이 되었어요.

선생님: 제가 할 수 있는 일을 한 것뿐인데요. 교육은 멘토와 부모님 그리고 학생의 노력이 함께 이루어져야 하고요. 그 결과도 마음대로 되는 것은 아닌 듯합니다. 우리가 할 수 있는 최선을 다 하는 것뿐이죠. 다시 한 번 축하드립니다.

3

진로를 모르면
미래도 없다: MBTI
(16가지 성격 유형)

1

MBTI를 활용해
진로를 찾아라

"나를 따르라."

"중요하고 큰 일은 내가 한다."

"하늘이 무너져도 솟아날 구멍이 있다."

"사막에 혼자 있어도 살아남을 자신이 있다."

어떤 성격 유형의 사람인지 알아보기 위해 떠올려보라고 할 때 흔히 나오는 말이다.

여러분은 이런 표현에서 어떤 특징을 가진 사람이 떠오르는가?

일단 외향적인 사람이 생각날 것이다. 리더 역할을 하고 독립심도 강항 성향일 것 같다. 이런 성향은 MBTI(Myers-Briggs Type Indicator) 유형 중에서 ENTJ에 해당하는 사람이다.

먼저 MBTI에 대해 간단하게 알아보자. MBTI란 스위스의 정신분석학자 카를 융(Carl Jung)의 심리유형론을 토대로 캐서린 마이어스(Catherine Myers)와 이사벨 브릭스(Isabel Briggs) 모녀가 고안한 자기보고식 성격 유형 검사를 말한다. 인성 및 적성 성격 유형을 파악하는 객관적 자료로서 전 세계적으로 활용하고 있다.

MBTI에는 아래와 같은 4가지 선호 지표가 있다.

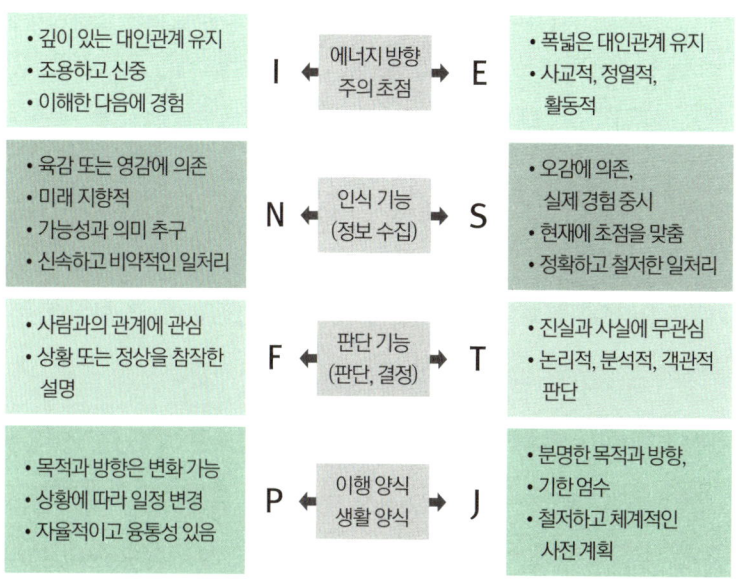

| MBTI 이니셜 문자의 의미

위 그림의 이니셜 중 I는 'Introversion(내향)'을 뜻하며, 바깥 세계보다는 자기 내부 세계의 개념이나 생각에 더 관심을 두는 것을 말한다. 그 반대쪽에 있는 E는 'Extraversion(외향)'을 뜻하며, 외부 세계를 지향하고 자신의 인식과 판단에 있어서도 외부 사람이나 사물에 초점을 맞추는 것을 말한다.

S는 'Sensing(감각)'을 뜻하며, 외부 세계의 관찰 가능한 사실이나 사건을 잘 받아들이는 성향을 말한다. 다시 말하면, 오감을 통해 인식하는 유형이다. 이들은 현실적이고 관찰 능력이 뛰어나며 세세한 것까지 기억을 잘하고 구체적이다. 그 반대쪽에 있는 N은 'iNtuition(직관)'을 뜻하며, 오감보다는 통찰, 이른바 육감이나 영감에 의존하는 성향을 말한다. 요컨대 의미, 관계 가능성 또는 비전을 보려 하는 유형이다. 예를 들어 사과를 볼 때 S형은 '이 사과는 붉은색이네. 맛은 어떨까?' 하고 생각하는 데 비해 N형은 '사과를 보니 가을이군. 올해 사과가 흉년이라는데 과수원 하시는 분들이 힘들겠어. 스피노자는 내일 종말이 온다 해도 오늘 한 그루의 사과나무를 심겠다고 했지'라고 생각하는 경향이 있다.

F는 'Feeling(감정)'을 뜻하며, 세상의 기준을 정서를 통한 사람들과의 관계 또는 상황에 두는 성향을 말한다. 그 반대쪽에 있는 T는 'Thinking(사고)'을 뜻하며, 어떤 일을 판단할 때 사고를 통한 논리적 근거와 객관적 기준에 기반을 두는 유형을 말한다. 예를 들어 어떤 물건을 살 때 F형은 100퍼센트 마음에 들지 않아도 단골집에 가서 구입하는 경향이 있다. 반면 T형은 단골집은 단골집일 뿐 물건의 객관적 품질을 보고 구입하는 경향이 있다.

J는 'Judging(판단)'을 뜻하며, 의사를 결정하고 그것에 맞게 계획하며 어떤 일이든 조직적이고 체계적으로 진행 및 마무리하는 것을 좋아하는 성향을 말한다. 그 반대쪽에 있는 P는 'Perceiving(인식)'을 뜻하며, 정보 자체에 관심이 많고 삶을 통제 및 조절하기보다는 새로운 변화나 상황에 맞춰 잘 적응하며 이해를 하려고 애쓰는 성향을 말한다. 요컨대 J형과 P형은 개인의 생활 양식 또는 행동 체계를 나타낸다고 할 수 있다.

이와 같이 MBTI는 4가지 선호 지표를 각각 2개로 나누고 이를 조합해 총 16가지로 세분화한다.

| ENTJ와 ENFJ 유형의 분석

이와 같은 기준으로 나누어보면 앞서 언급한 ENTJ는 밖으로 향하는 에너지를 가지고(E), 끝없는 가능성과 의미의 세계로 달려가며(N), 객관적이고 논리적인 기준에 의해(T), 순차적으로 제시간에 할 일을 하는(J) 사람으로 해석할 수 있다. 왕성한 열정을 가진 ENTJ 유형은 논쟁을 좋아하고 결단력 있는 리더일 확률이 높다. 도전을 두려워하지 않고 힘든 결정도 어렵지 않게 내리며 곧바로 핵심을 찾는다. 이런 특징을 가진 사람은 어떤 직업을 선택해야 적성에 맞을까? 예를 들면 지휘관, 군인, 공무원, 사업가, 토목건축 등의 진로를 추천할 수 있다.

그렇다면 세 번째 이니셜이 반대쪽에 있는 ENFJ 유형은 어떨까? 밖으로 향하는 에너지를 가지고 있고(E), 끝없는 가능성과 의미의 세계로 달려가며(N), 사람들의 필요와 동기를 이해하는 데 뛰어나고(F), 일을 잘 조직하고 수행하는(J) 사람이 여기에 해당한다. 이들은 사람들에게 동기 부여를 잘하고 활달하며 열정적이고 남들과 잘 어울린다. 이런 특징을 가진 사람에게는 매스컴 관계자, MC 판매직, 교육자 등의 직업을 추천한다.

이처럼 ENTJ 유형과 ENFJ 유형은 단지 세 번째 이니셜만 다름에도 무척 큰 차이가 있음을 알 수 있다.

ENTJ 유형은 주로 사고(Thinking)를 통한 논리적 근거와 객관적 기준을 바탕으로 어떤 일을 판단하고, ENFJ 유형은 주로 감정(Feeling)을 통해 사람들과의 관계 및 상황을 판단한다. 따라서 ENTJ 유형은 냉정하리만큼 강한 지휘관 이미지가 어울린다. 이에 비해 ENFJ 유형은 따뜻한 인간관계를 유지하는 커뮤니케이션에 소질이 있다. 사실 더욱 심도 깊게 들어가면 '주기능'과 '부기능'으로 각 유형을 설명할 수도 있는데, 여기에 대해서는 필자에게 개인적으로 질문하거나 전문 서적을 참고하기 바란다.

진로 문제에 도움을 준 MBTI 분석의 예

한때는 지윤이를 ISFJ 유형이라고 여긴 적이 있다. 그런데 사실 지윤이는 ISFJ 유형과 ISTJ 유형을 왔다 갔다 한다. 이렇게 유형이 변화할 때는 심층 검사인 Q 테스트를 할 필요가 있다. MBTI 적성 검사에는 여러 가지 유형의 검사지가 있다. 초등학생의 경우는 CATi(어린이 및 청소년 성격유형검사)로 한다. 그 밖에 MBTI M형, Q형이 있는데 특히 보통 Q 테스트라고 하는 Q형 검사지는 유형별로 좀 더 심층적으로 들여다볼 수 있다는 특징이 있다. 지윤이는 세 번째 이니셜인 T로 분류하긴 하지만 T를 나타내는 선호분명도지수가 높지 않아 F 쪽 성향을 나타내기도 한다.

그렇다면 ISTJ 유형 범주에 속하는 지윤이한테 어울리는 직업 적성은 무엇일까? MBTI에서 지윤이의 유형은 한결같은 태도와 꼼꼼함이 빛나는 아이, '한 번 반장은 영원한 반장'으로 표현된다.

이런 유형의 진로는 교직, 행정직, 감사, 관리자 등이다. 아니나 다를까 지윤이는 교육행정직에 종사하면서 우리나라 영어 교육을 바꿔보고 싶어 했다. 또는 임용고시나 행정고시를 준비할까 하며 자신의 진로를 고민하기도 했다. 이때 MBTI 검사지를 참고하면 도움을 얻을 수 있다. 지윤이의 특성인 세 번째 이니셜, 곧 T와 F에 그 답이 있다. 관계 지향적인 F 성향이 강하면 아이들과 함께 생활하는 교직 쪽이 더 맞다고 할 수도 있다. 그런데 지윤이는 T 쪽으로 분류되었다. 이때 검사지의 분류를 보고 어떤 성격 때문에 T 성향이 좀 더 강하게 나왔는지 곰곰이 살펴보니 평소 지윤이가 좀 더 이론적이고 원칙적인 면을 중시하는 경향이 있다는 걸 파악할 수 있었다.

그러나 심리 검사를 무조건 따르는 것은 삼가야 한다. 검사는 참고 도구로 이용하는 데 그쳐야 한다. 요컨대 검사 결과의 내용을 참고해 자신의 성격이나 흥미를 다시 한 번 성찰해보는 것이다.

MBTI에 심리학적 기반을 제공한 카를 융은 교육의 목적은 아동이 모든 경향을 똑같이 발달시키도록 돕는 게 아니라 아동 자신만의 고유한 경험을 지닌 잠재력을 계발하는 것이라고 했다. 융은 이를 개별화 과정으로 설명한다. 여기서 개별화(Individualization)란 장미 씨앗으로 심은 꽃은 장미로 피어나고, 코스모스 씨앗으로 심은 꽃은 코스모스로 피어날 수밖에 없으며 또 그렇게 피어나야 그 꽃이 본연의 제 몫을 할 수 있다는 의미다. 어떠한 교육과 훈육 방법을 동원해도 코스모스 씨앗으로 장미꽃을 피울 수는 없다는 뜻이다. 이 같은 인본주의에 입각한 교육과 MBTI의 목적은 세상을 살아가는 방법과도 잘 부합하는 듯하다. 이 세상을 살아가는 데 너와 내가 다름을 인정하고, 자신만의 고유한 경험을 소중히 여기고, 또 자신이 무의식 속에 갖고 있는 잠재 능력을 잘 꺼내 계발하며 살아가면 누구나 행복하고 그 행복이 전체적인 조화를 이룰 수 있을 거라고 생각한다.

그것이 곧 자신의 진로와 적성, 미래를 설계하는 첫걸음이다.

MBTI는 자기 자신을 알아가는 좋은 도구이자 나침반 역할을 할 것으로 기대된다.

2

진로를 모르면
미래도 없다

재윤이는 우리나라 고등학교의 진학 계열 3가지를 모두 밟으면서 졸
업했다. 중학교 때부터 인문 계열에 갈지 자연 계열에 갈지 확신이 없
던 재윤이는 자율형 사립고등학교로 진학했다. 그런데 이 학교에서는
1학년에 입학하자마자 계열을 확정해야 했다. 재윤이는 일단 자연 계
열을 선택했다. 그런데 수학Ⅱ와 과학 과목 4개를 모두 해야 해 공부
하기 벅찼고, 애초 자연 계열에 그다지 확신이 없던 터라 마음이 흔들
리기 시작했다. 그렇게 1학년을 지내고 2학년 여름 방학이 되어서야 계
열을 바꿨으면 좋겠다고 했다. 이때 재윤이는 사범대학에 있는 체육교
육과를 지원하고 싶어 했다. 요컨대 예체능 계열을 선택한 것이다.

체육교육을 전공하면 앞으로 살아가면서 자신의 건강을 돌볼 수
있고 다른 사람들과 건강에 대해 소통할 수 있을 거라고 생각해 나

는 그 결정을 지지해주었다. 아무리 그래도 자연 계열 공부에서 도피했다는 느낌이 들었을 텐데, 재윤이는 아무런 내색 없이 묵묵히 체육대학에 필요한 운동을 했다. 특히 새벽마다 수영을 배우러 다녔다. 그렇게 묵묵히 운동하면서 자신의 진로를 고민하던 중 인문 계열 쪽 모의고사를 봤는데, 이게 웬일인가? 그때까지 자연 계열에 있어 사회 과목을 전혀 접하지 않았는데도 2등급 정도의 성적이 나왔다. 게다가 국·영·수는 1~2 등급이 나왔다.

답답한 상황에서 규칙적인 운동을 하고 나름대로 집중해서 공부한 결과라고 생각해 이번에도 진심으로 격려해주었다. 그 후로도 모의고사를 보면 각 과목마다 1~2등급이 나왔다. 그러자 재윤이는 다시 인문 계열로 바꾸길 원했다. 이번엔 최종적인 결정이어야 했다. 더는 바꿀 시간이 없었기 때문이다. 사실 체육대학을 원한 데 확고한 이유가 없던 터라 이번에도 역시 지지해주었다.

재윤이는 그 후 제법 열심히 공부해서 마침내 수학능력시험을 치렀다. 2015학년도부터 국어가 어렵게 출제되었는데, 바로 재윤이가 수능시험을 치른 해였다. 시험 결과 국어가 5등급이었다. 시험을 보던 중 '멘붕'이 와서 뛰쳐나가고 싶은 것을 참았다고 하니 얼마나 어려웠는지 짐작할 수 있다. 그래도 2교시에 보는 수학은 큰 실수 없이 만점을 받았다. 다른 과목들도 모두 1등급이었다. 하지만 국어는 5등급. 이 성적으로는 서울에 있는 대학교를 갈 수 없다고 판단해 이런저런 모색을 하고 있는데, 다행히 홍익대학교에 국·영·수 중 2가지를 선택할 수 있는 자율전공학부가 있어 지원해 합격을 했다.

대학교에 들어가서도 진로에 대한 고민은 계속되었다. 자율전공학부는 자신이 선택해서 원하는 전공 과목을 듣고 최종 결정하는 시스템이다. 재윤이는 디자인과 도시공학을 1학년 동안 학기별로 듣더니 이제 자신의 적성을 알겠다면서 기계시스템디자인공학과로 진로를 정했다. 이처럼 자율전공학부는 자신이 공부하고 싶은 전공을 선택해서 듣는 제도인데, 그에 따라 시간이 지연되는 만큼 졸업도 늦어질 수 있다.

도대체 얼마나 돌아서 공대를 선택한 것인지 모른다. 자연 계열에서 예체능 계열, 그리고 인문 계열을 거친 후 자율전공으로 대학에 입학해 결국은 다시 자연계열의 전형적 학과인 기계시스템디자인공학과를 선택했으니 말이다. 공대에서 이수해야 하는 대학물리, 화학 같은 과학 과목 때문에 살짝 걱정스럽기도 했다. 왜냐하면 고등학교 때 자연 계열의 다른 친구들처럼 과학 과목을 집중적으로 공부한 게 아니기 때문이다. 그런데 재윤이는 걱정했던 것과 달리 즐겁게 공부하며 좋은 학점을 받았다. 다시 말해, 재윤이는 자연 계열 특성을 갖고 있었던 것이다. 자신의 적성을 좀 더 일찍 알았더라면 이렇게 먼 길을 돌아오지 않아도 되지 않았을까 하는 아쉬운 마음이 들기도 한다.

재윤이는 ESTJ 유형이다.

E는 외향성, 즉 자신의 에너지를 주로 외부 세계의 사람이나 사물

에 사용하는 성향을 말한다. 이와 반대되는 I는 내향성, 즉 자기 내부 세계의 개념이나 아이디어에 주로 에너지를 사용하는 유형이다. S는 외부 세계의 사실이나 사건을 감각으로 받아들인다. 다시 말해 오감을 통해 인식하는 유형이다. 이와 반대되는 N은 외부에서 일어나는 사실이나 사건 이면의 관계 및 가능성을 더 잘 인식하는 유형이다. T는 사고를 통한 논리적 근거를 바탕으로 어떤 일을 판단하는 유형이다. 이와 반대되는 F는 정서를 통해 사람들과의 관계나 상황을 고려한다. 마지막으로 J는 주변에서 일어나는 여러 가지 상황을 빨리 판단하고 결정해 일을 추진하는 성향을 말한다. 그 반대되는 P는 정보 자체에 관심이 많고 새로운 변화에 적응하려는 성향이 강한 유형이다.

특히 두 번째 이니셜, 곧 S와 N은 외부에서 일어나는 여러 가지 정보를 받아들이는 방법의 차이이고, 세 번째 이니셜, 곧 T와 F는 판단하는 기준의 차이다. 재윤이의 경우는 S로 현실적이고 실제적인 정보를 선호해 받아들이고, T로 논리적이고 원칙을 기준으로 판단하는 경향이 있다. 그러고 보면 자연 계열이 적성에 맞지 않는다고 단정 지을 필요가 없었던 것이다. 따라서 인문 계열과 자연 계열을 나누는 정확한 기준으로 MBTI를 제시하는 것은 조심해야 한다. 그러나 전체적인 맥락에서는 충분히 참고할 수 있다.

재윤이 같은 유형의 특성은 이론이나 책을 통해 배우기보다 실생활을 통해 배우는 것을 선호하며, 추상적 관념이나 이론보다는 구체적 사실을 잘 기억하는 편이다. 그리고 인간 중심의 가치보다는 논리적 분석에 따라 결정을 내린다.

ESTJ 유형에 맞는 진로는 현실적인 행동과 적응력이 필요한 직업을 권한다. 만약 재윤이가 초등학교 고학년이나 중학생일 때 MBTI 같은 적성 검사를 받고 이를 참고했다면 어땠을까? 그랬다면 자연 계열에서 예체능 계열로 바꾸었다가 다시 인문 계열로 수능시험을 치르지 않아도 됐을 것이다. 그리고 대학에서도 자율전공학부 1년 동안 전공을 정하지 못한 상태에서 방황하지 않았을 것이다.

재윤이는 계열을 바꾸기로 결정한 뒤 고등학교 2학년 2학기부터 자연 계열 수업을 하는 교실 뒤쪽에 앉아 혼자 인문 계열 수능 공부를 했다. 지금도 그 모습을 생각하면 마음이 아프다. 엄마가 교육 계통에서 일을 하고 있음에도 말이다. 누구도 자기 아이에 대해서는 자신할 수 없는 법이란 걸 다시 한 번 실감했다. 그때를 돌이켜보면 한없이 작아지고 겸손한 마음이 든다. 한편, 이 일을 계기로 나는 아이들의 진로 문제에 더 적극적으로 임할 수 있었다. 프로그램을 짜고 책과 강연, 컨설팅으로 세상을 향해 손을 내밀기로 마음먹은 계기가 되었다.

요즘은 학교에서도 MBTI 검사를 비롯해 여러 가지 적성 검사를 한다. 학교마다 상황은 다르겠지만, 학생들에게 검사 결과를 한 사람씩 구체적으로 분석해주는 것은 현실적으로 어렵다. 사실 검사를 마친 후 결과지를 그냥 나누어주는 경우가 많다.

다시 한 번 강조하지만 MBTI 유형에 적힌 것으로 자신을 규정하거나 거기에 나온 진로대로 자신의 미래를 결정하는 것은 금물이다. 따라서 검사 결과에 대한 아무런 의견 없이 이를 그대로 학부모에게 전달하는 것은 무책임한 일이 아닐 수 없다.

중요한 것은 왜 그런 결과가 나왔는지 분석하고 이를 통해 부모 자신 또는 자녀를 되돌아보는 것이다. 요컨대 검사 결과는 개인별로 상황에 맞게 해석해야 한다. 아울러 그러려면 부모가 그 검사 결과를 해석할 수 있어야 한다.

검사 결과는 유형에 대한 설명을 하고 추천 진로 분야도 제시한다. 부모는 검사 내용과 아이의 성향을 꼼꼼히 비교하면서 어떻게 아이에게서 그런 부분이 나타나는지, 또는 자신이 알고 있는 특성은 왜 나타나지 않는지 알아보아야 한다. 아이는 성장하면서 변화한다. 그러니 오랜 시간을 함께하는 부모야말로 아이의 성향을 올바르게 파악할 수 있다.

'2015 개정 교육 과정'은 2018학년부터 고등학생이 되는 학생들에게 모두 적용된다. 이 책 4부에서 자세히 설명하겠지만 '2015 개정 교육 과정'의 가장 큰 특징은 고등학교 1학년 때 모든 학생이 통합사회와 통합과학으로 공부를 하고 2학년 때 자신의 진로에 따라 상경 계열, 어문 계열, 공과 계열, 예체능 계열로 나누어 수업을 듣는 데 있다. 초·중등학교에서 내 아이의 진로에 대해 구체적으로 알아봐야 할 필요성이 더욱 커진 셈이다.

3

내 적성은
어떻게 알 수 있을까?

적성을 안다는 것은 내 안에 있는 데이터를 분석하는 일과 같다. 내가 이제까지 지내오면서 좋아하고 잘하는 일은 무엇일까? 여기엔 수많은 데이터가 있다. 반대로 싫어하는 일에 대한 데이터도 적지 않다. 이렇게 말하면 너무나 당연한 것 같지만, 이런 데이터를 모아 자신이 어떤 사람인지 분석하는 것이 자신의 적성을 알아가는 데 기본이라고 할 수 있다. 사실 자기 자신을 잘 아는 사람은 얼마 없기 때문이다.

자신에 대해 잘 알려면 일상의 소소한 것들에 집중해야 한다. 자기 마음대로 시간을 쓸 수 있을 때, 주로 앉아서 하는 놀이를 좋아하는 아이가 있고 밖으로 나가서 에너지를 발산하는 아이가 있다. 독서 시간에도 문학책을 좋아하는 아이가 있고, 사회 현상에 대해 관심을 보이는 아이가 있고, 과학책을 좋아하는 아이가 있다.

이렇게 일상에서의 작은 호기심과 기호와 표현을 모아 자신의 적성을 알 수 있다. 적성의 사전적 의미는 '어떤 일에 알맞은 성질이나 적응 능력 또는 그와 같은 소질이나 성격'이다. 이번엔 한자 뜻풀이를 보자. 적성(適性: 맞을 적, 성품 성)의 표면적 의미는 '성품에 맞는 어떤 것' 정도로 풀이할 수 있다. "네 적성이 뭐니?"라는 질문은 "너한테 맞는 게 무엇이냐?"는 뜻이다. 여기서 사람들이 흔히 갖고 있는 개념 오류, 즉 주의해야 할 점은 적성을 '능력' 또는 '잘하는 것'으로 제한하지 말아야 한다는 것이다. 어떤 분야를 잘한다면 거기에 적성이 있다고 말할 수 있다. 하지만 반대로 적성이 있다고 해서 반드시 지금 당장 그 분야에 대한 능력이 있는 것은 아니다. 그 능력이 시간을 좀 더 필요로 할 수도 있고, 또는 다른 형태로 표현될 수도 있다.

《나는 고작 한번 해봤을 뿐이다》의 저자 김민태 EBS PD는 적성은 "타인과 비교했을 때 내가 더 나은 능력이 있다는 게 아니라 자신의 소질 중 어떤 잠재력을 갖고 있느냐 하는 것"이라고 한다.

《지혜의 심리학》을 쓴 김경일 씨는 적성에 대해 이렇게 말한다.

"대개는 '뭔가 잘하는 것이 바로 적성'이라고 착각한다. 물론 틀린 말은 아니다. 하지만 더 중요한 건 실패했을 때 그 실패를 바라보는 관점이 유난히 도전적이면서 발전적인 분야를 눈여겨보는 것이다. 거기에 적성이 있다."

그렇다면 나에게 적합하고, 실패했을 때도 피하거나 하기 싫은 마음이 생기지 않고, 또다시 해보고 싶고, 다음에는 실패하지 않을 것 같은 확신이 드는 일이 무엇인지 어떻게 찾을 수 있을까?

직접적으로 경험해보는 것이다. 이것이 가장 좋은 방법이다. 그러나 모든 것을 어떻게 직접 경험해볼 수 있겠는가? 예를 들어 무용을 전공했지만 막상 공연을 해보니 나한테 맞지 않는 것 같고, 다시 음악을 공부했지만 그것도 역시 아닌 것 같아 이번엔 로봇공학을 공부하려 한다면 너무나 큰 시행착오다. 그런 일을 방지 또는 극소화하기 위해 여러 가지 형태의 활동을 할 수 있다. 예를 들면 직업체험박람회를 찾아가거나 실제로 관심 있는 직업에 종사하는 선배를 직접 방문하거나 또는 인턴십으로 일해볼 수도 있다.

모든 것을 일일이 해볼 수는 없으므로 책을 통해 자신의 관심 방향을 정리할 필요가 있다. 경제적 손실이 없으면서 다양한 간접 경험을 할 수 있는 것이 독서다. 위인전을 통해 인류에 공헌한 이들의 삶을 체험할 수 있다. 또는 소설을 통해 허구 속에서 녹아나오는 다양한 인물들의 특징을 파악할 수 있다.

주변 사람들로부터 듣는 조언도 있다. 관심 분야의 전문가 또는 존경하는 사람의 애정 어린 조언은 때로 큰 동기를 부여한다.

객관적 지표를 통해 여러 가지 진로 적성 검사를 해보고, 그 결과를 참고하는 것도 좋은 방법이다. 심리 검사를 자신이 궁금해하는 질문에 대한 답을 찾는 것이라고 생각하면 금물이다. 이는 어디까지나 객관적 도구로 사용해야 한다. 다음은 진로 심리 검사를 무료로 제공하는 사이트다.

홈페이지	기관명	특징
커리어넷 www.career.go.kr	한국직업능력 개발원	직업 사전, 학과 사전, 학교 정보, 직업인 인터뷰, 미래의 직업 세계, 직업 적성 검사, 진로 탐색 프로그램 등을 제공한다. 진로 탐색에서는 초등 저학년, 초등 고학년, 중고등학생용 적성 검사를 제공한다.
워크넷 www.work.go.kr	한국고용정보원	직업 심리 검사, 직업 정보 검색, 진로 찾기, 진로 상담, 학과 정보 검색 등 다양한 정보를 제공한다. 매년 국내 대표 직업에 종사하는 재직자 조사 결과를 바탕으로 '학과 정보', '한국 직업 전망', '한국 직업 사전' 등의 최신 연구 결과물을 다운로드할 수 있다.
서울진로진학 정보센터 www.jinhak.or.kr	서울특별시 교육연구정보원	진로 정보와 진로 적성 검사, 대학 진학 정보와 고교 진학 정보를 제공한다. 그 밖에 다양한 체험 학습장 및 학습 프로그램 자료를 제공하고 초·중·고등학생을 위한 진로 진학 상담과 진로 적성 검사를 제공한다. 진로 적성 검사에는 다중 지능 검사와 직업 흥미 검사, 성격 유형 검사가 있다.

┃초등학생을 위한 진로 검사

커리어넷(www.career.go.kr)에서는 초등학교 저학년, 고학년, 중고등학생용 진로 탐색 프로그램을 제공한다. 그 중에서 '아로주니어 플러스'는 초등학교 1~3학년의 진로 탐색을 위해 간단한 형식의 질문과 답변으로 아이들의 유형과 어울리는 직업을 알아보는 프로그램이다. 저학년 아이들이 사용하기 쉽게 간단한 구조와 메뉴로 이뤄져 있으며 아이들의 상상력을 자극할 수 있도록 구성했다.

여기서도 반드시 조심해야 할 것이 있다. 진로 검사 결과가 자칫하면 아이의 미래를 단정 지을 수 있다. 나는 연구소를 찾아와 상담하는 아이들에게도 적성 및 진로와 관련 있는 직업군을 있는 그대로 강조하지 않으려 애쓴다. 물론 부모와는 자세히 상담하고 분석지도 제공한다. 그러나 아이에게는 공부 방법에 대한 구체적인 결과와 습관에 대해 중점적으로 이야기한다. 아이들의 진로와 관련해 적성 검사는 전체를 보는 도구로만 받아들여야 한다. 특히 초등학생 때 단정적인 진로 지도를 하면 위험하다.

엄마와 함께 연구소를 찾아온 예은이(가명)는 초등학교 4학년이었다. 예은이 엄마는 딸을 의과대학에 보내기 위해 수학과 과학을 심도 있게 공부시키고 있었다. 예은이는 아직까지는 이를 받아들이고 잘 따라왔다. 보통 초등학교 고학년이나 중학교 1학년 정도 때 공부 방법과 학습 의욕을 체크해볼 필요가 있다. 어렸을 때부터 엄마 말을 잘 들으며 공부해온 아이들이 갑자기 힘들어하는 경우가 종종 있다. 몸과 마음이 성장하면 자신만의 동력으로 공부해야 하는데 그렇지 못하기 때문이다. 이럴 때 학생의 상황과 성격 유형 검사를 함께 분석해 살펴보면 지금 현재 해야 하는 공부에 대한 동기를 얻을 수 있다.

MBTI 성격 유형에 따르면, 예은이는 ENFP에 해당했다. 그즈음 갑자기 찾아온 사춘기로 힘든 데다 늘어난 공부 때문에 엄마와 사이가 나빠졌다. 예은이의 경우는 공부 습관이 잘 잡혀 있어 많은 양을 소화하는 데 따른 마음의 동기를 잃지 않도록 하는 게 무엇보다 중요했다.

ENFP 유형에서 추천하는 진로 분야는 작가, 상담가, 성직자 등이 있다. 그렇다고 초등학교 4학년인 예은이한테 성직자가 되라고 할 수도 없지만 예은이가 이를 크게 부각시켜 보지 않도록 하는 것도 필요하다. 나는 MBTI 결과를 참고하며 예은이의 특징, 지금 처한 상황, 부모의 생각 등을 분석해보았다. 그랬더니 예은이는 누군가에게 서로 힘을 주는 대화를 나누는 걸 좋아했다. 그래서 상담하는 역할은 어떤지 알아보니 매우 큰 관심을 보였고, 장래 희망으로 정신과 의사는 어떠냐고 조언하자 표정이 훨씬 밝아졌다. 예은이는 그렇게 의욕과 마음의 동기를 되찾았다.

초등학교까지는 독서 및 체험 활동을 바탕으로 국·영·수의 기초를 다지고 아이의 진로를 특목고, 영재원, 과학고 등으로 정할지 생각해보는 단계다. 그 후에는 고등학교에 진학할 때까지 다시 국·영·수에 집중하면서 공부, 독서, 체험 활동, 전문가와의 대화, 진로 적성 검사 등 다양한 경로로 자신에 대해 알아가는 과정이 필요하다. 적성 검사를 할 때는 추천 직업으로 아이를 한정하지 않도록 하자.

위의 표에서 제시한 홈페이지를 방문해 진로 검사를 해보는 것뿐만 아니라 다음과 같이 평소 궁금한 진학 및 직업 정보를 다양한 경로를 통해 찾아보는 것도 좋다.

첫째, 동영상으로 직업에 대한 다양한 정보를 제공하는 곳을 소개한다.

커리어넷에 탑재한 진로 동영상은 관심 있는 직업을 찾아 클릭하면 해당 직업에 대해 그 현장을 보여주고, 해당 직업인이 직접 자신의 경험이나 생각을 약 5분에서 길게는 30분 정도의 분량으로 설명해준다.

예를 들어 '스포츠 아나운서'라는 직업에 대해 궁금하다면 커리어넷 홈페이지에서 '진로 동영상'을 클릭하고 해당 직업을 고르면 된다.

앞으로 생길 직업에 대해서는 학과 소개와 해당 직업이 하는 일을 알기 쉽게 설명한다. 일례로 곤충산업과를 소개하면서 곤충을 식량 자원으로 가공하는 직업이 생길 수도 있다고 조언한다.

EBS의 〈대도서관 JOB쇼〉(http://home.ebs.co.kr/jobshow/main)는 다양한 멘토들을 만나 직업, 진로에 대한 생생한 이야기를 듣는 토크쇼다. 분량은 30분 정도인데 탑재한 자료가 풍부하다. 뇌과학자 정재승, 헤어디자이너 차홍, 파티시에 유민주, 극지과학자 이유경, 수의사 오석헌 등의 생생한 이야기가 담겨 있다. 스튜디오에서는 MC와 전문가가 대화를 주고받고, 스튜디오 밖에서는 현장의 모습을 전달하며 간접 경험을 하도록 한다. 또한 유튜브 동영상으로도 쉽게 볼 수 있다.

예를 들어 뇌과학자 정재승 교수의 얘기를 들어보자.

정재승 교수가 제일 좋아하는 과목은 '과학'이었다. 과학을 좋아한 이유는 로봇이 좋고, 빅뱅 이론이 신기하고, 우주를 연구하는 삶이 고귀하다고 생각했기 때문이다. 과학자가 되겠다고 결심한 건 중학교 1학년 무렵, 선생님이 무심코 건넨 '과학 잡지' 덕분이다. 당시 물리를 가르치던 선생님이 과학 잡지를 건넸는데, 따분하기만 하던 교과서 과학과는 달리 잡지에서 보는 과학은 생생히 살아 있었다. 게다가 최신 과학 이론을 실은 잡지를 통해 전 세계 과학자들과 소통할 수도 있었다.

과학고에 다닐 때는 매주 토요일 프랑스문화관에서 상영하는 프랑스 영화를 보고, 그 앞 카페에서 우유를 마시는 게 큰 낙이었다. (아마도 정재승 교수는 프랑스 예술 영화를 보면서 자연 계열 학생으로서 특유의 감성을 개발한 듯하다. 그의 책을 읽으면 과학자이면서도 문학가적인 감성을 느낄 수 있으니 말이다.) 그는 과학고를 졸업한 후 카이스트 물리학과에 입학해 박사 학위까지 공부했다. 그리고 미국 예일 대학교와 컬럼비아 대학교 의과대학에서 신경과학 및 정신의학을 연구하고 뇌과학자의 길을 걷고 있다. 지금은 카이스트 '바이오 및 뇌 공학과' 교수로 재직 중이며, 일반인이 쉽게 접할 수 있는《과학 콘서트》외 다수의 저서로 사람들과 소통 하고 있다.

이와 같은 30분 정도 분량의 동영상을 보면 청소년 시기에 자신의 진로를 결정하는 계기, 전공, 현재의 직업과 생각까지 일목요연하게 알 수 있다.

여러 대학교에서도 직업과 전공에 대한 양질의 동영상을 제공한다. 예를 들어 고려대학교 인재발굴처의 입학 자료실에는 초·중·고등학교를 대상으로 진행한 '전공 체험 강의실' 영상이 있다. 여기에서는 미디어학부, 화학, 물리학, 심리학, 정치외교학과 등에 대한 영상을 무료로 제공한다. 현직 고려대학교 교수들이 직접 촬영한 내용이다. 신소재공학과에 관심 있는 학생이라면 해당 학과를 찾아 소개 동영상을 보는 것도 진로 결정에 도움이 될 수 있다.

또한 인터넷을 이용해 관심 있는 직업을 가진 전문가에게 직접 연락하는 방법도 있다. 전문가의 블로그를 보면 어떤 일을 하는지 알 수 있고 필요한 정보를 파악할 수 있다. 댓글을 통해 서로 이야기를 나누며 연락처를 남겨놓거나 메일로 도움을 청할 수 있다. 글쓰기에 취미가 있는 학생이라면 어떤 분야의 전문가에게 장문의 메일을 보내 그분의 직업에 대해 문의할 수도 있다.

둘째, 오프라인에서의 소통 방법에 대해 알아보자. 학교나 단체에서 진로와 관련한 행사를 개최하고 직업인을 초청해 그들의 이야기를 들을 기회를 제공하기도 한다. 이때 적극적인 자세로 기회를 활용하는 것이 중요하다. 강연 후 질문을 하면 강사한테 깊은 인상을 남길 수 있다. 요즘은 SNS나 블로그 등을 통해 24시간 언제나 연락 가능한 커뮤니케이션 시스템이 잘 구축되어 있으니 언제든 개인적으로 도움을 받을 수 있다. 나 역시 강연을 나가면 한정된 시간에 여러 사람을 대상으로 하기 때문에 개인별 질의응답을 제대로 못한다. 나름 노력을 하고 있지만 말이다. 이럴 경우 이메일을 이용하거나 한국진로적성연구소 홈페이지에 궁금한 점을 올려놓으면 도움을 줄 수 있다. 이처럼 오프라인과 온라인을 병행하는 것도 유용하다.

셋째, 직업 정보를 몸으로 체험하고 싶은 학생들에게는 고용노동부 산하의 '한국잡월드(www.koreajobworld.or.kr)'와 글로벌 직업 테마파크인 '키자니아(www.kidzania.co.kr)'를 소개한다. '한국잡월드'는 '직업 체험'에서 어린이 체험관, 청소년 체험관으로 나누어 프로그램을 운영하고 있다. 초등학교 5학년부터 고등학생까지 입장할 수 있는 청소년 체험관은 전문적이고 세분화된 직업 체험이 가능한 곳이다. 43개의 체험실에서 인터넷 쇼핑몰, 문화재보존연구소, 항공사 등의 직업을 경험할 수 있어 학생들의 발길이 이어지고 있다. '키자니아'는 90여 개의 직업 체험 테마파크다. 실제 기업들이 참여해 생동감 있는 직업 체험을 할 수 있어 초등학생들이 많이 찾는다.

넷째, 예술 계통의 창작 관련 직업에 관심 있는 학생들에게는 현대 미술관(www.mmca.go.kr)의 '미술관 직업 탐방' 같은 체험 활동을 권한다. 예술 관련 직업은 4차 산업혁명 시대에도 로봇이 대체할 수 없다는 측면에서 전망이 밝다고 볼 수 있다. 국립현대미술관 서울관과 과천관의 교육 프로그램은 전문인, 성인, 청소년과 교사 그리고 어린이와 가족을 대상으로 다양한 교육 프로그램을 운영하고 있다. 특히 청소년과 교사 교육 프로그램에는 미술관과 공교육 현장의 연계성 강화 및 예술과의 소통 활성화를 위한 감상 그리고 진로 교육 프로그램이 있다.

서울역사박물관(www.museum.seoul.kr)에서도 유아부터 대학생 및 성인 대상으로 교육 프로그램을 다양하게 운영한다. 특히 중고등학생 인턴제와 대학생 예비 큐레이터 등 박물관 학예 업무를 체험할 수 있는 기회를 제공한다. 서울역사박물관은 박물관과 박물관 콘텐츠에 관한 교육을 실시한 뒤 상설 전시관을 찾는 관람객에게 전시에 관한 설명을 한다. 이로써 실제로 배우고, 배운 것을 활용하고, 지속적인 정보를 얻을 수 있다.

이처럼 자신의 적성을 알 수 있는 방법은 다양하다.

2017년, 대학교 1학년 2학기 때 지윤이한테 거두절미하고 물었다.

"넌 네 적성을 어떻게 알았니?"

"적성? 지금도 정확히 몰라서 알아가고 있는데?"

"어떻게?"

"자아 성찰!"

지윤이가 한마디로 이야기한 것에 나도 많이 공감한다. '자아 성찰.' 실제로 적성을 알려면 자신을 계속해서 돌아봐야 한다.

적성이 어떤지 알고 그 적성에 맞게 진로와 직업을 정해 인생을 살아가는 주체는 바로 '나 자신'이다. 주변에서 아무리 좋은 말을 해도 자신이 받아들이지 않으면 소용없는 일이다. 직간접으로 하는 다양한 경험에 대해 항상 질문할 수 있어야 한다.

'나에게 적합한 것은 무엇일까?'

'내가 이 일을 하면 다소 궁핍하더라도 즐거울 수 있을까?'

이런 문제의식, 물음표 하나를 늘 가슴속에 심어두면 언젠가 그 길이 보일 것이다. 단, 진로를 결정하는 것은 그리 간단치 않다는 걸 명심해야 한다.

'나중에 어떻게 되겠지.'

'대학만 가면 해결될 거야.'

'다른 사람이 부러워하는 직업을 가져야겠어.'

이런 마음으로는 결코 올바른 진로를 선택할 수 없다.

"내 적성을 어떻게 알 수 있죠?"

이렇게 물으면 나는 주저 없이 대답한다.

"자아 성찰을 하렴!"

자아 성찰은 철학적인 사고력과 함께 도구적인 방법으로 심리 검사를 이용하고, 각종 온라인 동영상과 SNS를 활용해 자료를 접하고, 오프라인상의 체험 활동과 독서 등의 다양한 활동 그리고 자신이 갖고 있는 역량이 상호 작용하는 총체적 과정이다. 그렇게 꾸준히 자신의 적성을 구체화하면서 탐색, 또 탐색해나가자.

4

적성과 강점을
면밀히 분석하라

벤저민 프랭클린(Benjamin Franklin)은 이렇게 말했다.

"인생의 비극은 우리가 천재적인 재능을 타고나지 못한 데 있는 것이 아니라, 가지고 있는 강점을 충분히 활용하지 못한 데서 온다."

누구나 천재성을 갖기를 바란다. 비범함을 갖지 못한 것을 탓하는 평범한 사람들은 자신의 강점을 놓치고 있는 셈이다. 그렇다면 자신의 강점과 재능을 어떻게 알 수 있을까? 강점이란 당신이 계속적으로 거의 완벽하게 어떤 일을 할 수 있는 능력이나 성격을 말한다.

자신에 대해 알고자 할 때 중요한 것은 자신의 강점이 무엇인지 파악하는 것이다. 이때 주변 사람들의 도움을 받으면 좋다. 자신이 미처 알지 못하는 객관적 시선으로 나만의 강점을 말해줄 수 있기 때문이다. 자신의 강점을 파악하면 그것이 미래에 어떤 긍정적 역할을 할지 구체적으로 아는 것도 중요하다. 예를 들면 강점이 글쓰기라면 자신의 생각을 표현하는 여러 가지 일을 하는 데 긍정적 역할을 할 수 있다.

자신의 현재 위치를 다각도로 분석해보자. 자신의 능력을 분석하는데는 객관적으로 증명 가능한 것과 증명할 수는 없지만 자신이 갖춘실력이 있을 수 있다. 경시 대회나 각종 대회에서 실력을 공식적으로 인정받아 받은 상장, 공인 자격증 등은 객관적 자료다. 주관적 자료인 발표 능력, 소통 능력, 공감 능력 등은 정확한 수치로 증명할 수 없지만 매우 소중한 재능임에 분명하다.

그리고 겉으로 나타나는 나의 객관적 이미지를 알아보자. 다른 사람이 나를 어떻게 보고 있는지, 이미지가 어떤지 분석하는 것이다. 내성격적 특성이 외향적인지 내향적인지, 가치관은 어떤지도 중요하다. 이때 '신중하다', '평화적이다', '조심스럽다', '솔직하다', '비판적이다', '차분하다', '내성적이다'처럼 성격 유형을 나타내는 단어를 나열해놓고 자신에게 어떤 표현이 자연스러운지 파악하는 것도 좋은 방법이다. 그리고 같은 방법으로 가족이나 친구, 또는 선생님에게 자신에 대해 써달라고 하면 내가 생각하는 나와 다른 사람이 보는 내가 같은지, 다르면 어떻게 다른지 아는 데 도움이 된다.

자신을 분석했으면 구체적인 목표를 세우자. '공부를 잘하고 싶다', 또는 '발전하고 싶다'는 목표는 너무 막연하다. 구체적인 목표가 필요하다. 예를 들면 이런 것이다.

'내가 하고 싶은 일을 하려면 어떤 대학에 들어가야 하나?'

'그 대학에 들어가기 위해서는 올해 말까지 얼마나 공부를 해야 하나?'

'공부는 어떤 방법으로 해야 하나?'

이런 구체적인 질문으로 현재형 목표를 정해야 한다. 물론 모든 것을 이뤘다는 가정 아래 시기까지 정해서 목표를 세워야 한다. 이를테면 '나는 운동을 잘할 거야'보다 '6개월 안에 50미터 달리기를 8초 안에 뛰고 있어'라고 표현하는 것이다. 이때 '뛰고 싶어'라고 하면 그렇게 뛰지 못하리라는 걸 전제로 희망만을 나타내는 것이다. 뛰지 못하는 모습을 무의식 세계에서 이야기하는 셈이다. 따라서 이미 8초 안에 뛰고 있는 모습, 이루어진 모습을 상상하라. 말을 할 때도 "뛰고 싶어"가 아니고 "뛰고 있어"라고 해야 한다. 그래야 긍정의 힘이 더 강해진다. 긍정의 힘이 강하면 목표를 이루는 쪽으로 집중하고 더 노력하게 된다. 그 결과는 당연히 목표 달성이다.

강점을 알려면 재능이 무엇인지 파악해야 한다. 이때 재능은 태어날 때부터 가지고 있는 능력을 말한다. 요컨대 후천적으로 습득해서 얻을 수 없는 것이다. 이걸 천재성과 혼동해서는 안 된다. 2가지 모두 태어날 때부터 갖고 있는 것이지만 자신의 소질, 잘하는 것을 발견하는 게 중요하다.

재능은 생산적으로 쓸 수 있는 사고, 감정, 행동의 반복적 패턴이다.

자신의 재능을 알아보고 싶다면 어떤 것을 좋아하고, 어떤 것을 배울 때 남들과 비교해 유난히 빨리 습득하는지, 그리고 그 만족감은 어느 정도인지 파악해야 한다.

지윤이는 굉장히 꼼꼼하고 일처리가 확실하다. 반면 나는 꼼꼼하지는 못해도 주변 사람에게 동기 부여를 잘하고 아이디어도 잘 낸다. 지윤이는 엄마가 보이지 않는 개념을 글과 말로 표현하는 것에 대해 처음에는 믿지 못했다. 자신은 그렇게 하는 데 자신이 없고 개념도 없다면서 말이다. 나 또한 지윤이가 잘하는 일을 제대로 못한다. 꼼꼼하게 정확한 부분에 집중하려면 아무래도 가슴이 답답해지는 게 사실이다. 이렇게 사람마다 자신이 잘하고 못하는 게 확실히 있다. 그러나 자신이 못하는 것에 대해 열등감을 가질 필요는 없다. 모든 사람이 완벽할 수는 없기 때문이다.

아이들과 함께 서로 얼마나 다른 생각을 갖고 있는지 그림을 보고 이야기하는 시간을 가져본 적이 있다. 여기 바닷가에 집들과 산이 있는 풍경 사진이 있다. 아이들은 이 사진을 보고 각자 자신이 느낀 점을 발표했다. 그랬더니 저 멀리 산속에는 어떤 사람과 어떤 짐승이 살고 있는지 궁금해하는 아이, 산 너머로 보이는 구름에 시선을 집중하는 아이, 해변에 있는 사람이 몇 명인지 헤아리는 아이, 해안에 있는 사람들이 무엇을 하고 있는지 보는 아이, 마을의 가구 수가 궁금한 아이, 바닷가의 배가 몇 척인지 살피는 아이 등 각기 다른 데 관심을 가졌다.

처음에는 그렇게까지 서로 다른 데 관심을 가질 수 있는지 놀라웠다. 하지만 이야기를 나누면서 서로가 다르다는 것을 받아들일 때 우리는 다양성을 인정할 수 있다. 달라도 너무나 다르다는 걸 말이다.

'저 사람은 왜 나와 생각이 다를까?'

'저 사람은 어쩜 저렇게 생각할까?'

이렇게 생각하는 것 자체가 갈등의 원인이 된다.

이 세상엔 서로 다른 사람들이 만나서 소통하고 함께 나아가는 원리가 분명히 있다. 그러니 누군가가 나와 다를 수 있다는 걸 충분히 받아들이면서 자신만의 강점을 찾는 것이 진로 탐색이다. 다름을 인정하고 자신의 적성과 강점을 찾아가는 것은 청소년기뿐만 아니라 우리 모두의 삶에서 매우 중요한 일이라고 생각한다.

5

나만의 보물 지도를
만드는 5단계

수영이(가명)는 고등학교 1학년이 되면서 성적이 잘 나오지 않아 공부 방법을 체크하기 위해 내 연구소를 방문했다. 중학교 때와 비교해 공부를 훨씬 많이 해야 하는 것은 알고 있지만 그게 어느 정도여야 하는지 체감할 수 없다고 했다. 상담 결과, 중학교와 고등학교의 공부 방법에 미묘한 차이가 있다는 걸 정확히 잘 모르기에 그 부분에 대한 조언을 많이 해주었다.

1000미터 달리기를 할 때 처음부터 죽어라고 뛰면 나중엔 지치기 마련이다. 결국 완주도 못한 채 도중에 포기할 수 있다. 그래서 수영이 같은 학생에게는 조금 더 의욕을 내고 집중해보라고 권한다. 사실 이렇게 권할 때 아이가 얼마나 힘들까 생각하면 내 마음도 편치는 않다. 어떤 때는 상담을 마치면 탈진하기까지 한다.

어찌 됐건 아이한테 힘을 내라는 격려와 에너지를 주는 것은 매우 중요하다. 이와 함께 실질적이고 구체적인 해결 방법을 제시해야 하는 것은 물론이다. 그리고 공부 습관 체크표를 통해 제대로 실천하고 있는지 점검해야 한다.

사실 '그날 배운 것 복습하기' 같은 방법은 전혀 새롭거나 특별하지 않다. 문제는 그것을 얼마나 실천하느냐이다. 많은 사람이 공통적으로 말하는 걸 듣고 '에이, 또 같은 이야기네' 하면서 무시하는 사람이 있고, 그토록 많은 사람이 똑같은 말을 하니 중요한 게 분명하다며 이를 실천하려 애쓰는 사람이 있다. 둘 중 어느 쪽에 발전 가능성이 있을까?

뭐든 복잡하고 어려우면 실천하기 힘들다. 따라서 할 수 있는 일부터 작게 나누어 실천하는 것이 중요하다. 여기에 대해서는 필자의 《10분 몰입 공부법》에서 구체적으로 설명했으니 참고했으면 좋겠다.

악기 연주를 잘하고 싶거나 축구 경기에서 좋은 성적을 거두고 싶을 때 실전과 똑같은 리허설을 하는 것도 좋지만, 그런 방법에는 한계가 있게 마련이다. 따라서 악기 연주에서는 스케일 연습을, 축구에서는 하루 20~30분씩 꾸준히 패스 연습을 하는 것이 중요하다. 세계적으로 유명한 작가인 헤밍웨이와 하루키 그리고 애플을 창업한 스티븐 잡스는 일상에서 꾸준히 노력하는 것을 공통적으로 강조했다. 특히 스티븐 잡스는 2005년 스탠퍼드 대학 졸업식 축사에서 하루하루, 점을 찍듯 꾸준히 노력하면 어느 순간 원이 된다는 이야기를 한 바 있다. 대화를 할 때도 마찬가지다.

스몰 스텝의 원리

시험이 얼마 남지 않은 토요일 아침, 엄마가 아이에게 다음과 같이 말한다.

"시험이 얼마 남지 않았으니 힘들겠지만 오늘은 하루 종일 열심히 공부해야 해."

이 말에는 아이가 싫어할 만한 요소가 2가지 있다.

첫째, 계획이 구체적이지 않다. 하루 일과는 오전, 오후, 저녁으로 3등분해서 계획을 세우고 실천하는 것이 좋다. 또 다른 예를 들면 '수능 특강 1강'을 열심히 해야겠다는 생각만 갖고 공부하는 것보다 '수능 특강 1강'의 내용을 잘게 나누는 것이 좋다. 이를테면 '본문 필기', '빈칸 암기', '단어', '문법' 등으로 나누어 각각을 반복하는 것이다. 이런 항목으로 나눈 내용을 간단한 표로 만들고 그걸 얼마나 반복했는지 '正' 자로 체크하는 방법을 권한다.

둘째, 엄마의 말은 한 번에 많은 내용을 담고 있다. 그것도 명령조로 말이다. 그렇다면 엄마의 말을 작게 나누고 소통형으로 만들어보자.

"시험이 며칠 남았지?"

"조금만 더 힘을 내자."

"이번 주말의 공부 계획을 한 번 세워볼까?"

이렇게 하면 구체적이고 점진적인 질문을 함으로써 자연스럽게 아이의 대답을 유도할 수 있다. 그러면 아이는 스스로 마음의 문을 열고 공부할 의욕을 찾을 것이다.

보물 지도의 시각화

노력을 하는 데도 성적이 잘 오르지 않는다고 걱정하는 수영이한테 나는 좀 더 집중하고 학습 동기를 강하게 가질 수 있도록 '목표의 시각화' 방법을 가르쳐주었다. 먼저 책상 앞에 학기말 성적표를 들고 '앗싸!' 하면서 웃는 모습의 사진을 붙여놓으라고 했다. 과거에 상을 받은 적이 있으면 거기에 지금의 사진을 덧붙여도 좋다.

그리고 틈날 때마다 사진을 바라보라고 했다. 보기만 해도 기분이 좋아질 것이다. 그러면 공부가 저절로 하고 싶어진다. 아무런 의욕 없이 책상에 앉아 있을 때와는 분명 다를 것이다. 마음속에 힘이 생겨나는 것을 느낄 것이다. 학생인 이상 어차피 공부는 해야 한다. 피할 수 없다면 즐겨야 한다. 일상에서 공부가 쌓이지 않게 하려면 목표를 시각화해서 마음의 힘을 얻고 '그냥 하는 것'이 중요한 키워드다. 그렇게 공부해서 자신만의 성공 경험을 쌓는 것이다.

꿈을 시각화하는 방법, 즉 위의 예처럼 사진이나 자료를 통해 스스로를 자극하고 영감을 떠올리게 하는 것을 모치즈키 도시타카는 《보물 지도》라는 책에서 자세히 설명한다. 꿈은 내가 걸어가야 할 진로와 연결된다. 그 꿈이 목표라면 그걸 향해 걸어가야 하는 길이 바로 진로(進路)다.

어떤 곳을 찾아가려면 지도가 필요하고, 그 지도 곳곳에는 길을 찾는 데 꼭 필요한 이정표 같은 소중한 것이 숨어 있다. 하물며 그게 보물 지도라면 얼마나 소중하겠는가? 내 미래를 위해 내게 마음의 힘을 주는 보물 지도 말이다.

그럼 보물 지도 만드는 방법을 더 구체적으로 알아보자.

▌보물 지도를 만드는 방법 5단계

1단계: 일단 사진을 마련했으면 그걸 붙일 수 있는 바탕을 준비한다. 흰색 모조 전지, 코르크보드 또는 자석 칠판도 괜찮다. 이때 가능하면 큰 것이 좋다. 처음에는 쑥스러워서 사진을 찍거나 만드는 게 어색할 수 있다. 하지만 자신이 꼭 이루고 싶은 모습을 상상하면 어느새 자신도 모르게 가슴이 두근거리고 여러 가지 소망이 생각날 것이다. 자신이 되고 싶은 모습이나 구호 같은 것을 제목처럼 바탕에 적으면 준비 완료.

2단계: 목표를 정한다. 이제까지 막연하게만 생각하던 목표를 구체화하는 것이다. 목표가 세상 사람들이 흔히 말하는 성공만을 의미한다면 가슴이 뛰지 않을 것이다. 자신이 별로 좋아하지 않는 목표라면 더더욱 그렇다. 연구 결과, 성공한 사람들에겐 반드시 이루고 싶은 매력적인 꿈이 있었다는 게 밝혀졌다. 그러니 자신의 비전과 가치가 담겨 있는 목표를 정해보자.

3단계: 준비한 자료와 설명을 바탕에 붙인다. 사진이나 그림 등을 적절하게 배치하는 것이다. 반드시 실제 사진이나 그림일 필요는 없다. 카톡이나 메일의 내용을 프린트해 붙이는 것도 좋은 방법이다. 예를 들면 카톡에 '축하합니다. ○○대학교에 합격했습니다'라는 메시지를 띄워 그걸 프린트해도 좋다. 어떤 목표를 달성했을 때 가족이나 친구와 즐거움을 나누며 찍은 사진도 좋다. 목표를 달성했다고 상상하며 그때의 행복한 느낌을 사진에 담아도 좋다. 그리고 목표를 언제 달성할지, 그걸 달성했을 때의 느낌 등을 포스트잇에 적어 붙인다. 자신의 목표가 주변 가족이나 지인들에게 어떤 도움을 줄지 적는 것도 좋은 방법이다.

4단계: 꿈을 달성하기 위한 과정을 잘게 나눈다. 만약 중학교 1학년생이라면 5년 후 대학 진학을 목표로 삼고 그걸 달성하기 위해 1년 단위, 학기별로 중간 목표를 세운다. 5년이란 시간을 한 번에 생각하면 막연한 느낌이 있지만 1년, 6개월씩 나누면 한층 구체적이고 실천할 마음이 생긴다. 더 세분화할 필요가 있으면 한 달, 한 주 그리고 매일의 실천 사항을 적어놓는다. 이런 세분화는 아이의 성향을 고려해 자율에 맡겨도 좋다. 아울러 이런 세분화는 가능한 한 포스트잇을 이용하는 게 좋다. 상황의 변화에 따라 부담스럽지 않게 일정을 바꿀 수 있기 때문이다.

5단계: 작성한 보물 지도를 눈에 잘 띄는 곳에 붙여두고 매일 바라본다. 그리고 반드시 하루에 몇 번 소리 내서 읽는다. 보통 잠자기 전이나 아침에 일어나서 하는 게 좋다. 하루를 마무리할 때, 하루를 시작할 때 새로운 마음가짐을 가질 수 있기 때문이다. 그리고 보물 지도를 찍어 핸드폰 액정 화면에 띄우거나 출력해서 지갑이나 수첩에 넣고 다닌다.

사람의 생각이나 마음은 늘 분주하다. 수없이 떴다가 가라앉는다. 게다가 주변엔 우리의 관심을 끄는 것들이 너무나 많다. 그렇기 때문에 자신의 목표를 자주 확인시켜주어야 한다. 자기 스스로에게 말이다. 그래야 생각을 집중하고, 그 생각에 맞는 행동을 하고, 자신이 원하는 길로 갈 수 있다.

6

정답은 찾는 것이 아니라
만들어가는 것이다

삶은 '답을 찾아가는 여정'이라는 말이 있다. 이 말은 삶에 '정해진 답이 있을 것'이라는 생각을 전제로 한다. 그리고 '답'이라는 개념 속에는 '이미 존재하는, 뭔가에 맞는 것'이란 뉘앙스가 있다.

사실 우리가 찾으려는 '존재하는 답'도 처음에는 우리와 같은 누군가가 만든 것이다. 그렇다면 다른 누군가가 이미 만든 것을 찾는다는 건 어떤 의미가 있는지 생각해볼 필요가 있다. 요컨대 여기서 중요한 것은 그 '답'이 아니라 '찾는다'는 행위라는 얘기다.

내 미래는 예측하는 것이 아니라 내가 주체적으로 만들어나가는 것이다. 따라서 결코 정해져 있는 답을 찾는 게 아니다. 미래는 바로 오늘이 있기에 존재한다. 지금 이 순간을 어떻게 하느냐에 따라 미래의 모습이 달라진다.

오늘 자신이 무엇을 하고 있는지 돌아보면, 내일 자신의 모습을 구체적으로 예측할 수 있다. 오늘 토플 공부를 하고 있으면 조만간 영어에 대한 스펙이 올라갈 것이다. 오늘 학교 숙제를 하고 있으면 적어도 며칠 내에 과제를 제출할 수 있을 것이다. 물론 그 반대도 있다. 이를테면 숙제가 있는데도 친구들과 어울리면 정한 시간에 과제를 제출할 확률은 떨어진다. 현재와 미래의 인과관계는 이처럼 심플하고 정직하다.

'지금'을 기반으로 미래에 대해 끊임없이 질문하고 스스로 되돌아보는 철학적 과정을 반복하면서 나를 '진정한 나'로 만들어가야 한다.

학교에서 근무할 때도 그랬지만 '한국진로적성연구소'에도 무엇을 해야 할지 모르겠다며 상담을 청하는 학부모가 많다. 그들은 특히 답답해하면서 아이한테 딱 맞는 진로를 못 찾겠다고 하소연한다. 문제가 너무 어려우니 정답을 콕 찍어서 말해달라는 압력이 대단하다.

그러면 아이한테 '앞으로 무엇이 되고 싶니?'라는 질문으로 시작할 것 같지만, 절대 아니다. 나는 가장 먼저 지금 현재의 상태를 묻는다. 지금 현재의 학교생활은 어떤지, 구체적으로 말하면 선생님 중에서 좋아하는 분이 있는지, 있다면 그 이유는 무엇인지, 가장 친한 친구는 어떤 성격인지, 학교 가는 게 재미있는지 등을 묻는다. 이때 자신의 생각이나 상황을 글이나 그림 같은 형식으로 메모해가면서 이야기하도록 하면 학생 스스로 자신의 상황을 정리할 수 있어 좋다. 지금 현재의 생활을 점검하면서 어디에 발을 딛고 있는지 확인하는 것이다. 학생이 지금 어떤 상태인지 파악하는 것이 급선무다.

초등학교 5학년인 준영이(가명)는 엄마와 함께 연구소를 방문했다.

나는 앞으로의 진로를 막연해하는 준영이에게 잘하는 게 무엇인지, 다른 사람들은 준영이를 보고 무엇을 잘한다고 하는지, 지금 머릿속에서 떠오르는 것은 무엇인지, 롤 모델이 있는지 등에 대해 물어보며 자유로운 형식으로 이야기를 나누었다. 그리고 MBTI CATi 검사를 해보니 준영이는 ENFJ 유형이었다.

여기서 E는 에너지 방향이 외향적이어서 외부 세계에 관심이 있는 성향을 말한다. N은 구체적인 사실보다 직관과 이면의 관계를 중시하는 성향이다.

F는 어떤 일을 감정, 즉 정서를 통한 사람과의 관계나 상황을 고려해 판단하는 성향이다. 그리고 J는 외부 세계에 대해 빨리 판단하고 결정하려는 성향이다

여기서 두 번째와 세 번째 이니셜, 곧 N과 F는 주변 세계의 정보를 받아들이고 그것에 대해 결정하는 기준이 무엇인지를 나타낸다. 그리고 첫 번째와 네 번째 이니셜, 곧 E와 J는 외부 세계에 대해 어떻게 대처하는지를 보여준다. 따라서 준영이는 주변 세계에 대해 실제적인 경험으로 인식하기보다는 직관적 정보를 더 중요하게 받아들이고(N), 논리적이기보다는 사람들과의 관계나 상황을 우선시해 결정하는(F) 유형이다. 그리고 외부 세계에 대처할 때는 외향적이어서 관심의 대

상이 자신 외부에 있고(E), 행동 양식은 빨리 판단해 계획하고 추진하고 마무리하는(J) 유형이다.

　이러한 결과를 종합해볼 때 준영이는 친구들에게 관심이 많고, 이야기를 잘 들어주고, 공감 능력이 많고, 주변 사람을 칭찬하고, 자신도 인정받고 싶어 하는 관계 지향적이라는 것을 알 수 있다. 이런 아이는 보이는 것보다 보이지 않는 것에 통찰력이 있는 직관형의 특징을 많이 갖고 있다. 이런 이야기를 하자 엄마와 준영이 모두 그런 걸 어떻게 알았냐며 매우 놀라는 표정을 지었다.

　그렇다면 이런 준영이에게 어떤 진로를 조언할 수 있을까?

　국어사전에 따르면 진로는 '앞으로 나아갈 길'이고 직업은 '생계를 유지하기 위해 자신의 적성과 능력에 따라 일정 기간 계속해서 종사하는 일'이라고 정의할 수 있다. 그리고 '일'은 '무엇을 이루거나 적절한 대가를 받기 위해 어떤 장소에서 일정한 시간 동안 몸을 움직이거나 머리를 쓰는 활동 또는 그 활동의 대상'이라고 정의한다.

　따라서 준영이 같은 초등학교 고학년 학생에게는 어떤 구체적인 직업을 갖도록 생각을 고정시키거나 특정한 일의 개념으로 이야기하는 것보다 넓은 개념, 즉 진로의 방향성을 가지고 이야기해주어야 한다. 일단 넓은 의미에서 길을 찾아보는 것이다.

　준영이에게 질문을 하며 진로 마인드맵을 그려보게 했더니 의사나 과학자가 되고 싶어 했다. 그 이유를 물어보니 의사는 생명을 구하는 것이, 과학자는 새로운 걸 발명하고 발견하는 것이 멋져 보이기 때문이라고 했다. 이 답변에는 자신의 이야기가 빠져 있다는 게 문제지만, 초등학생임을 감안하면 충분히 그럴 수 있다. 또한 학생들의 생각과 가능성을 인정하는 것도 중요하므로 그런 의견을 존중해주어야 한다.

E(외향), N(직관), F(감정), J(결정)에 해당하는 유형을 갖고 예측해보면 준영이에게는 다음과 같은 진로를 추천할 수 있다. 이를테면 사람들의 정서적·영적 개발을 돕는 분야 또는 사람들과 교류할 수 있는 분야, 즉 종교, 교육, 사회 복지, 상담, 언론, 예술 등이 그것이다. ENFJ의 개념을 알면 이러한 추천 진로 분야를 이해하기 쉽다.

그런데 이는 준영이가 생각하는 진로와 다소 차이가 있다. 굳이 아이가 희망하는 진로와 심리 검사 결과에서 나타난 차이를 부각시킬 필요는 없지만, 부모는 이를 참고하면서 아이의 행보를 꾸준히 지켜봐야 한다. 또한 아이의 장래 희망이 혹시 아이가 아니라 부모가 원하는 것은 아닌지도 돌아봐야 한다.

그래서 아이들을 상담할 때는 가족 관계나 어렸을 때의 경험이 매우 중요하다. 부모와의 상담도 필수다. 준영이의 부모는 두 분 모두 인문 계열 출신이다. 그리고 아빠는 법조인, 엄마는 교직에 종사하고 있다. 부모는 준영이가 과학자가 되었으면 좋겠다고 생각했는데, 아이의 꿈에는 부모의 이런 희망이 어느 정도 반영된 듯하다. 하지만 아이의 가능성은 항상 열어두고 볼 필요가 있다. 물론 아이가 정말 자연 계열적인 성향을 가지고 있어 그것이 발현될 수도 있다.

아이의 진로를 심리 검사지 결과만 의존하거나 부모가 원하는 대로 정하는 것은 바람직하지 않다. 아이에게는 자신만의 생각과 능력 그리고 가능성 있기 때문이다. 그러니 일단 지금 현재에 충실하고 아이에게 동기를 부여하는 것이 중요하다.

초등학교 고학년인 준영이의 경우에는 공부의 양이 늘어난 데 따른 동기 부여가 필요하다. 자신이 원하는 의사나 과학자가 되려면 어떻게 해야 하는지 의견을 물어보며 진로 로드맵을 그려보면 부모보다 아이들이 더 잘 아는 경우가 많다. 따라서 어른은 아이가 자기 내면에서 정리하지 못한 것을 꺼내도록 도와주는 역할을 해야 한다. 그 역할을 얼마나 전문적이고 자연스럽게 하느냐에 아이의 미래가 달려 있다고 해도 과언이 아니다.

부모 입장에서는 아이가 어떻게 성장할지 큰 아우트라인을 그려보고 그 희망대로 자라면 더없이 감사할 따름이다. 하지만 혹시 부모 생각과 일치하지 않더라도 받아들일 마음의 준비를 해야 하기 때문에 MBTI 같은 객관적 검사 도구를 참고할 필요는 충분히 있다.

보통 초등학교 저학년까지는 부모가 직접 공부를 시키면 어느 정도 따라온다. 그런데 초등학교 고학년 또는 중학교에 진학해 사춘기가 시작되고 자아의식이 생기면 부모와 의견 차이가 생긴다. 이때 부모는 지금이야말로 본격적으로 공부해야 할 시기라고 생각해 사교육의 힘을 빌려서라도 성적을 올리고 싶어 한다. 한편 아이는 갑자기 엄청나게 늘어나는 공부의 양을 견디기 힘들다. 대학까지는 아직 멀게만 느껴지고 왜 이렇게까지 공부해야 하는지 사실상 납득도 할 수 없다. 부모의 눈에는 그런 아이의 미래가 훤히 보이는 듯하고, 아이는 자꾸만 엇나간다. 속이 타는 부모는 더욱더 많은 사교육비를 쏟아부으며 아이를 다그치고, 급기야 갈등의 골은 깊어만 간다. 이런 상황이 고등학교 3학년까지 이어지는 경우도 많다. 부모가 조바심을 낼수록 아이와의 관계는 더욱더 깊은 수렁 속에 빠지는 느낌이다.

이때 필요한 것이 객관적 자료를 이용한 전문가 상담이다. 자신의 특성이나 힘든 부분에 대해 분석하고 공감하면서 이야기를 나누면 아이들은 마음의 문을 열게 마련이다. 그리고 이 자료를 토대로 진로의 윤곽을 잡고, 고3까지의 로드맵을 함께 그린다. 자신이 앞으로 어떤 모습으로 살아갈지 최대한 구체적으로 생각하도록 하고, 현재의 상황을 분석해주면 아이는 공부하고 싶은 마음이 생기기 시작한다. 이런 마음을 잘 다잡아 일상의 공부 습관으로 연결시키고, 그것이 자리 잡도록 도와주면 아이는 놀랄 만큼 변화한다.

이 과정에서 부모 역시 심리 검사를 통해 각자의 유형을 알아보면 아이를 이해하는 데 도움이 된다. 그러면 자연스럽게 가족 간 대화로 이어지고 관계도 좋아질 수 있다. 또한 사춘기 자녀가 반항심 때문에 공부하지 않는 것도 자연스럽게 개선시키는 효과가 있다.

지금 아이들 앞에 놓인 3년 또는 5년 뒤의 진로는 현실에 충실하기 위한 방향을 찾는 도구일 뿐이다. 아이들은 항상 변화하고 발전한다는 사실을 명심해야 한다. 학교에서 배운 공부를 복습하는 현실에 집중하다 보면 아이는 어느 순간 변화한 자신을 발견할 수 있다. 그렇게 변화해가는 모습을 반영해 다시금 진로를 성찰해보도록 하자. 진로는 현재의 상황에 따라 얼마든지 수정할 수 있다. 그렇게 후회 없는 일상이 모여 성장하는 가운데 진짜 자신의 진로를 확정할 수 있다. 인간은 평생 성장을 거듭하는 존재다. 미래의 자기 모습은 정해져 있는 게 아니라 노력 여하에 따라 얼마든지 만들어나갈 수 있다는 뜻이다.

7

나에 대한 탐색이
진로의 첫걸음이다

나를 '탐색한다는 것', 나를 '안다는 것'은 너무 철학적이고 그 범위가 넓어서 어디부터 줄기를 잡아 이야기할지 어렵다.

어린 시절부터 무수히 쌓아온 경험과 생각. 그 순간순간 내가 좋아하는 것과 싫어하는 것을 알아가는 과정. 그리고 시대를 앞서 살아간 선배, 선생님, 부모님 같은 어른들이 해주는 조언. 이 모든 게 거대한 용광로 안에서 하나가 되어 어느 순간 길이 보인다. 그 길을 발견하는 시기가 언제인지 중요하다. 아이에게 자신은 어떤 사람이고 일상에서 어떤 점을 좋아하고 싫어하는지 돌아보도록 하는 것이 곧 자신에 대한 탐색 과정에 해당한다.

여기서는 '나'에 대한 이야기와 구체적인 프로그램에 대해 살펴보고자 한다. 누구나 자신의 몸을 통과해 나오는 이야기는 힘을 갖는 경우가 많다. 이런 이야기를 통해 부모와 자녀가 어떤 점이 유사하고 또 다른지 돌아보도록 하자.

나는 단순한 자연 계열 학생으로 살아왔지만 마음속 깊은 곳에서는 내 마음이 편안한지에 항상 의문을 가졌다. 특별한 종교가 없는 집안에서 자라며 고등학교 때까지 크게 외부와 접할 일이 없었기 때문에 어른이 되면 그냥 행복해질 거라고 생각했다. 구체적으로는 내가 원하는 대학을 들어가면 행복해질 수 있을 거라고 생각했다. 이때 진로에 대해 좀 더 정확하게 따져보았다면 내 맘의 열정적 동기를 갖고 공부하면서 행복감을 느꼈을 테지만 난 그러지 못했다. 아주 어렸을 때부터 아프리카에서 봉사하는 슈바이처 같은 사람이 되고 싶다는 생각을 막연히 해봤을 뿐이다.

나는 주어진 공부를 그냥 충실히(?) 하며 중·고등학교를 보냈다. 그리고 진학한 대학교는 내가 어렸을 때부터 막연하게 꿈꾸던 의대가 아닌 사범대였다. 의지가 확고했다면 대학을 바꿔서라도 의대를 고집했어야 하는데, 어렸을 때의 꿈이 구체적이지 않고 막연했기 때문에 슬며시 사범대를 선택했던 것이다. 그 후에도 철저한 목표의식 없이 그냥 열심히(?) 대학 생활을 했다.

그런 가운데 존재에 대한 기본적 의문이 나를 사로잡았다. 그래서 혼자 교회와 성당을 다니며 신자 등록을 했다. 알 수 없는 뭔가에 이끌려 주말마다 성당에 앉아 있었다. 그 후 자연히 철학이나 상담 분야에 관심을 가지면서 줄곧 공부를 해오고 있다.

나는 어렸을 때의 막연한 꿈과 지금의 현실이 같지 않다는 이유 때문에 왠지 내가 부족하다는 느낌을 지우지 못한 채 살아왔다. 의대로 진학하지 못한 게 아쉬워 한때 한의대 편입을 고민하기도 했다. 아이들의 진로를 상담하는 나 자신이 최근까지 내 진로에 대해 여러 가지 생각을 해왔던 것이다. 그러니 진로 문제가 그리 간단하지 않다는 것을 나는 누구보다 잘 알고 있다.

한의대 편입 시험은 교사로서의 생활과 경력을 내려놓고 다시 새로운 준비를 해야 하는 것을 의미했다. 따라서 쉽게 시작할 수 없는 일이었다. 그러면서도 완전히 생각을 정리하지 못한 채 마음 한구석이 찝찝했다. 나는 그렇게 늘 내 길이 맞는지 의구심을 갖고 살았다. 그렇기 때문에 더 적극적으로 내 길에 집중하지 못한 것이 조금은 아쉽다. 내가 정말 모든 것을 바쳐야 할 일을 마음속 깊은 곳에 숨겨놓은 듯했다.

또 한편으로는 지금의 내 일상이 소중했고, 그 부분에 충실하려 노력했다. 학교에 출근하면 나를 기다리는 아이들이 있고, 눈을 뜨면 엄마의 손길이 필요한 내 자식들이 있었다. 그런 가운데 교육 이론을 공부하며 교육학 박사 학위를 받았다. 이를 통해 스스로 결정해서 탐구하는 과정이 얼마나 즐겁고 가치 있는 일인지 새삼 깨닫기도 했다.

나는 의대에 진학하지 못한 아쉬움을 왜 그렇게 끈질기게 갖고 있었던 걸까? 그 답은 진로에 대한 고민이 막연했고, 나 자신을 잘 알지 못한 데 있었다. 이런 의문을 푸는 데는 MBTI 검사가 많은 도움을 주었다.

"생뚱맞죠? 자유로운 영혼."

이는 MBTI 성격 유형 검사를 집단 상담 형식으로 진행할 때 각자 자신들의 특성에 맞는 조 이름을 정해보라고 하면 나오는 이름 중 하나다. 또 좋아하는 유형을 연상케 하는 속담이나 문장을 써보라고 하면 이런 것들도 나온다.

'네 꿈을 펼쳐라.'

'하루를 살아도 반짝이며 살고 싶다.'

'열정적으로 새로운 관계를 만드는 사람들.'

여러분은 이런 표현을 보고 어떤 특징이 떠오르는가?

이런 성향의 사람들은 MBTI 유형 중 ENFP에 해당한다. E는 외부 세계가 관심을 끌어 자신의 에너지 방향이 외부로 향하는 성향이다. 그리고 N은 외부 세계의 사실이나 사건에 대해 이면의 관계, 가능성 등을 더 선호하고 그 정보를 받아들이는 성향을 말한다.

F는 어떤 일을 판단할 때 정서를 통한 사람들과의 관계나 상황을 중시하는 성향을 말한다. 그리고 P는 정보 자체에 관심이 많고 새로운 변화에 적응하고자 하는 라이프스타일을 갖고 있다.

이와 같은 사람은 외향형(E)이므로 외부 세계나 타인에 대한 관심이 많고, 직관형(N)이므로 상대방의 관심사나 그의 가능성을 포착하는 능력이 있다. 또한 세상의 기준을 사람에 두는 경향(F)이 있으므로 공감력, 적응력을 발휘할 수 있는 직업을 추천한다. 말이나 글로 의사소통과 표현 기술을 필요로 하는 직업이다. 구체적으로는 심리학자, 작가, 교육 상담가, 컨설턴트, 종교인 등을 들 수 있다.

진로 고민이 많던 나에 대해 MBTI 검사를 해본 결과 ENFP 성향이 나왔다. 그러고 보니 이제까지 내가 관심을 가졌던 것들이 이해되기 시작했다. 나는 종교나 마음의 문제에 관심이 많았고, 아프리카에서 봉사하는 의사를 꿈꾸었다. 이는 여러 사람과 의미 있는 일로 관계 맺는 것을 중시하는 경향이 강한 것으로 이해할 수 있다. 그러니 사범대학에 진학한 것이야말로 내 적성에 맞는 것이었다. 내가 걸어온 교직이 그리 싫지는 않았지만 완전히 내 길이 아닌 듯한 느낌으로 지내온 게 무척이나 억울하게 느껴지는 순간이었다.

내 적성을 프레디저(Prediger) 검사를 통해 알아봐도 P(People)와 I(Idea) 유형으로 나왔다. 직업으로는 신학, 종교철학, 교육학, 강사 관련, 사범 계열이었다. 그러니 두 가지 검사 결과의 교집합에서 나타나는 적성을 알 수 있었다.

그와 동시에 나의 롤 모델이었던 슈바이처에 대한 자료를 구체적으로 살펴보니 의외의 사실이 나타났다. 슈바이처는 아프리카에서 봉사하기 위해 의사 자격증을 늦은 나이에 취득했다. 그리고 의사라는 직업을 중시한 게 아니라 봉사를 중시했다. 구체적이지 않은 막연한 진로나 꿈이 오히려 혼동을 줄 수 있다는 걸 경험한 셈이다.

객관적 자료를 접하고 나 자신의 적성을 좀 더 일찍 파악했다면 이제까지 걸어오면서 내 길에 좀 더 집중하며 살지 않았을까 싶은 생각에 좀 아쉬운 면이 있다. 이렇게 오랜 시간 동안 진로에 대해 고민해본 경험이야말로 청소년 시기의 진로 코칭이 얼마나 중요한지 가슴 깊이 깨닫는 데 중요한 밑거름이 되었다고 자신 있게 말할 수 있다.

진로에 대한 문제는 이상과 현실, 그리고 자신이 어렴풋이 느끼고는 있지만 확실히 알지 못하는 어떤 느낌 같은 것이 종합적으로 작용한다. 그리고 우리가 걸어가는 진로는 곧 우리의 일상이자 생활이다. 자신의 일상에 겸손한 마음으로 충실히 임하면서 발전하는 모습으로 살지, 아니면 막연한 패배자로 살아갈지 심각하게 고민해봐야 한다.

💬 대학 입시 Q&A

Q 수시, 정시는 몇 번 지원할 수 있을까요?

A 4년제 대학 지원 시 수시는 여섯 번, 정시는 세 번까지 지원할 수 있습니다. 수시전형에 여섯 번을 반드시 지원해야 하는 것은 아니고 2~3개만 지원하거나 아예 지원하지 않아도 무방합니다. 단 특수 대학, 산업 대학, 전문 대학은 이와 상관없이 지원할 수 있습니다.

*특수 대학: 육군사관학교, 공군사관학교, 해군사관학교, 국군간호사관학교, 경찰대학교, 광주과학기술원, 대구경북과학기술원, 울산과학기술원, 한국과학기술원, 한국방송통신대학, 한국전통문화학교, 한국예술종합학교 등.

Q 같은 대학에 두 번 지원, 가능한가요?

A 모집 시기가 다르다면 한 대학에 중복 지원이 가능하고, 같은 모집 시기라도 동일한 전형에 지원하는 게 아니라면 무관합니다. 대부분 대학이 서로 다른 전형에 중복 지원하는 것을 제한하지 않고 있습니다. 단, 서울대처럼 수시에서 하나 이상의 전형에 지원할 수 없는 경우도 있습니다. 또한 일부 대학에서는 특정 전형 간 중복 지원을 못하는 특수한 경우도 있으니 사전에 확인할 필요가 있습니다.

Q 합격한 대학에 등록한 뒤, 다른 대학에 합격해도 먼저 등록한 곳에 가야 하나요?

A 같은 수시 모집 혹은 정시 모집이라면 먼저 합격 발표를 한 대학에 등록했더라도 취소 후 나중에 합격한 대학에 등록할 수 있습니다. 즉 수시 1차 모집에 지원해 합격 후 등록까지 마쳤더라도 같은 수시 모집인 수시 2차에서 합격한다면 이전 것을 취소하고 등록할 수 있습니다. 마찬가지로 정시에서도 등록 여부와 관계없이 이후에 합격한 대학에 등록이 가능합니다.

Q 수시에 합격해도 등록만 안 하면 정시 지원이 가능한가요?

A 수시에서 합격했다면 등록 여부와 관계없이 같은 학년도의 정시 모집에 지원할 수 없습니다. 이는 4년제뿐만 아니라 산업 대학, 전문 대학에도 적용됩니다. 수시 모집 시기에 특수 대학을 제외한 대학에서 합격 통보를 받았다면 합격한 그 대학에 진학하거나 다음 학년도를 준비해야 합니다.

Q 미등록 충원이란 무엇인가요?

A 수시와 정시에서 여러 대학에 합격했더라도 한 대학에만 등록할 수 있습니다. 이 때문에 최초 합격자 중에서 합격 후 등록을 하지 않는 학생들이 생기게 됩니다. 여기서 발생한 빈 자리를 예비 순위에 따라 채우는 것을 미등록 충원이라 합니다. 수시와 정시에서 모두 사용하는 용어인데 수시의 경우 특별히 주의할 점이 있습니다. 수시에서 미등록 충원 대상이 되면 등록 여부와 관계없이 수시 합격자로 판명돼 정시 모집에 지원할 수 없습니다. 그러

므로 수시 지원 시에는 미등록충원까지 고려해 신중을 기해야 합니다.

Q '추가 합격'과 '추가 모집'의 차이는 무엇인가요?

A 추가 합격은 미등록 충원과 같은 의미로 ,보통 정시에서 많이 쓰는 말입니다. 대학에 합격했지만 등록을 하지 않아 생기는 결원자 리를 충원할 때 추가 합격자를 뽑습니다.

비슷한 단어지만 추가 모집은 시기별 모집 일정이 모두 진행된 후에도 미등록 인원이 발생할 경우 다시 새로운 전형 방법으로 학생을 모집하는 것을 말합니다. 추가 모집은 2월 중순경 실시하며 모집기간이 매우 짧아 일정을 놓치지 않도록 주의해야 합니다. 또한 결원 자리에 대한 보충이다 보니 많은 인원을 선발하지 않아 선호도가 높은 대학의 추가 모집은 수백 대 일의 높은 경쟁률을 보이기도 합니다.

Q '수능 우선 선발'과 '수능100퍼센트 전형'은 어떻게 다른가요?

A 2가지 모두 정시 모집에서 쓰는 말로 '수능 우선선발'은 한 모집 전형에서 일정 인원은 수능 성적만으로 선발하고 남은 인원은 다른 요소로 선발하는 것을 말합니다. '수능 100퍼센트 전형'은 하나의 전형에서 모집 인원 전체를 수능 성적으로만 선발하는 것을 말합니다. '수능 우선 선발'은 모집 인원 중 일정 인원만 수능 성적으로 선발하는 것이기 때문에 선발 인원도 적고 '수능100퍼센트 전형'보다 합격 성적이 높아지는 경향이 있습니다.

4

10년 후까지
내다보는 진로 전략을
세워라

1

2015 개정 교육 과정의 내용

고등학교 1학년(이하 2018년 기준)인 민경이(가명)는 요즘 고민이 많다. 2015 개정 교육 과정 때문이다. 정부가 2017년 8월 31일 발표한 내용에 의하면 대학수학능력시험(이하 수능) 개편안은 중3부터 적용하고, 새로운 학교 교육 과정은 민경이 학년인 고1부터 적용한다. 그러면 고1인 민경이는 2018년부터 당장 달라진 교육 과정으로 학교 수업을 하고 수능시험은 현행 그대로 유지된다. 다시 말해 고등학교 1학년 땐 계열에 관계없이 모든 학생이 공통과학과 공통사회를 수업하고, 2학년 때는 상경 계열과 어문 계열 등으로 좀 더 세분화해서 자신의 희망 진로에 맞춰 선택 과목을 이수한다.

학생들의 입시는 정시와 수시로 분류한다. 정시는 11월에 치르는 수능에서 얻은 성적으로 가, 나, 다 군에 속하는 세 곳의 대학에 원서를 접수할 수 있다. 그런데 대부분의 학생은 수시 전형을 함께 준비한다.

수시는 학교생활기록부와 자기소개서, 추천서, 면접 전형을 거친다. 대학별 또는 학과별로 4가지 중 하나를 제외하기도 하지만 학교생활기록부와 자기소개서는 가장 중요한 서류다. 학교생활기록부는 말 그대로 학교의 생활을 이야기하는 것이므로 학교에서 실시하는 시험, 학교에서 하는 각종 체험, 봉사, 독서 활동 등으로 채워진다. 더구나 수시 전형으로 학생을 선발하는 비율이 점점 높아지고 있어 그 중요성은 계속 증가하고 있다. 수시 전형은 주로 학생부종합전형을 말하는데, 서류로 여섯 곳의 학교에 접수할 수 있다.

2018년 기준 고1 학생에게 2015 개정 교육 과정이란?

개편된 교육 과정에 의하면 현재 고1 학생들은 수시와 정시 전형과 관계있는 교과목에 차이가 생겨 각각 따로 공부해야 하는 결과가 생긴다. 고1 학생이 대입을 볼 때 수시 전형에는 학교 교육 과정에 의거한 성적을 포함하므로 통합과학과 통합사회의 성적이 반영되는데, 수능 개편안은 2018년 기준 중학교 3학년부터 적용하기 때문이다.

또한 2018년 기준 고1 학생은 중3 학생부터 수능시험이 개편되므로 대입 재수를 하기에도 부담스럽다. 재수생부터는 수시로 진학하기보다 주로 정시, 즉 수능 성적으로 대학에 진학해야 한다. 따라서 중3 학생은 대학 입시에서 재수를 하면 달라진 수능시험을 봐야 한다.

2017년 연구소를 찾아온 민우(가명)는 중학교 2학년 남학생이었다. 민우도 마찬가지로 교육 과정 개편 때문에 걱정이 많았다. 민우 학년부터 수능시험이 전체적으로든 부분적으로든 절대평가제로 바뀌는데, 또 어떻게 변할지 종잡을 수 없기 때문이다. 또한 2018년 현재 중3 학생부터 자사고, 특목고, 일반고로 진학할 때는 원서를 동시에 접수해야 한다. 이는 자사고나 특목고를 가려는 학생이 만약 불합격하면 고입 재수를 하거나 자신이 거주하는 지역에서 멀리 떨어진 일반고로 진학해야 한다는 걸 의미한다. 학교 내 활동만으로 학교생활기록부 내용을 기록하는 교육 체제에서 어떤 고등학교에 진학할지는 중요한 관심사일 수밖에 없다. 고등학교에 따라 교내 활동이 다르고, 그 활동에 따라 생활기록부에 기재하는 내용 자체가 달라지기 때문이다.

다음은 교육부에서 발표한 '2015 개정 교육 과정 Q&A' 내용을 요약한 것이다.

초등학교 교육 과정엔 어떤 변화가 있을까?

초등 교육 과정에서 일어나는 가장 큰 변화는 첫째, 1~2학년의 수업 시수가 증배된다. 국제 비교를 해본 결과 우리나라 초등학교의 수업 시수를 조정해야 한다는 문제가 제기되었는데, 특히 저학년에서는 학교 돌봄 기능 확대를 원하는 학부모의 요구를 감안해 주당 1시간을 증배할 예정이다. 1~2학년의 경우는 수업 시수를 주당 1시간 늘리

되 학생들의 추가 학습 부담이 생기지 않도록 창의적 활동 시간을 활용해 체험 중심의 '안전한 생활'을 편성 · 운영하도록 했다.

둘째, 초등 교육 과정과 누리 과정이 어떻게 연계될지에 대한 관심도 많다. 1~2학년 때 한글 교육을 강조하는 등 유아 교육 과정(누리 과정)과 연계를 강화하고 1학년 입학 초기에 최소 45차시 이상 한글을 집중적으로 학습하도록 했다. 이를 바탕으로 국어, 초등통합, 수학 교과를 원활하게 학습할 수 있도록 한 것은 학생들의 독해 능력 신장이 중요하므로 이를 적극 반영했다는 의미다. 또한 초등통합 교육 과정 개발 시 누리 과정 전문가와 공동 연구 및 개발을 추진한다.

셋째, 컴퓨터 활용 능력 교육이다. 실과 교과목의 ICT(Information and Communications Technologies) 활용 중심 내용을 소프트웨어 기초 소양 교육으로 개편해 5~6학년에서 17시간 내외로 학습한다. 구체적인 교육 내용은 소프트웨어의 제작 원리를 이해하고, 놀이 중심의 알고리즘(문제 해결을 위한 일련의 절차와 과정을 의미하며, 프로그래밍의 기초 단계)을 체험하는 것이다. 아울러 교육용 도구를 활용한 프로그래밍 체험으로 쉽고 재미있게 학습하는 데 관심을 두고 개정안을 확정했다.

중학교 교육 과정엔 어떤 변화가 있을까?

중학교의 경우는 교육 과정 운영의 자율성과 유연성을 좀 더 확대하는 것이 변화의 큰 골격이다. 그중에서도 학부모에겐 자유학기제 시행이 큰 변화로 와닿을 것이다. 자유학기제는 2016학년부터 전면적으로 시행하고 있다. 자유학기제는 중학교 과정 중 한 학기는 학생들이 지필 평가에 대한 부담에서 벗어나 체험 중심의 교과 활동과 장래 진로에 대한 탐색, 설계를 집중적으로 할 수 있도록 하는 데 그 목적이 있다. 암기식 수업을 최소화하고 학생의 태도와 표현력 향상을 위해 협동 학습, 토론을 대폭 확대해 시행한다. 또한 명사, 전문가 특강, 독서 등의 간접 체험 학습을 직접 체험 학습과 연계해 폭넓은 진로 탐색의 기회를 제공한다.

자유학기제는 그 목적을 구체적으로 구현할 수 있도록 4가지 활동으로 나뉜다. '진로 탐색 활동', '주제 선택 활동', '예술 체육 활동', '동아리 활동' 등이 그것이다.

먼저 '진로 탐색 활동'으로는 진로 학습, 진로 상담 검사, 진로 체험, 진로 포트폴리오 작성을 들 수 있다. '주제 선택 활동'은 학생의 흥미, 관심사에 기반을 두고 교과 또는 창의적 체험 활동과 연계한 프로젝트 학습을 할 수 있다. '예술 체육 활동'은 한 학생당 '1개의 문화 예술과 1개의 체육 활동(학교 스포츠 클럽 활동을 포함)'을 전개한다. 그리고 '동아리 활동'은 학생의 진로 희망 등을 고려해 진로와 관련한 활동을 할 수 있다.

이런 자유학기제 활동에 대해 학부모는 중간고사나 기말고사를 보지 않고 어떻게 평가하는지 궁금할 것이다. 한마디로, 과정 중심의 평가를 한다. 즉 학생의 성장, 발달, 수업 시간 참여 상태, 과제 등을 관찰해 서술형으로 기재한다. 여기에서 주목해야 할 것은 첫째, 2018학년부터 전국 약 1500개 중학교에서 '자유학년제'를 운영한다는 것이다. 한 학기에서 1년 과정으로 확대 운영하는 것이다. 3210개의 중학교 가운데 46퍼센트에 달하는 학교가 자유학년제를 운영하는 셈이다.

둘째, 중학교 과정에서 소프트웨어 교육 강화를 위해 정보 과목을 필수화한다. 기존 선택이던 정보 과목을 필수로 지정해 정보화 사회의 기초적 소양을 체계적으로 갖추도록 하는 데 그 취지가 있다.

소프트웨어 특기자 전형을 모집하는 학교는 KAIST와 고려대, 한양대, 성균관대, 서강대, 중앙대 등 점점 증가하는 추세다. 수능 최저 학력 기준도 세종대와 충남대 외에는 적용하지 않는다. 고려대는 사이버국방학과와 컴퓨터공학과에 특기자 전형으로 지원 가능하다. 그 밖의 학교도 소프트웨어 인재 전형에 높은 관심을 보이고 있다. 중학교 때부터 관심을 갖고 배우는 것이 대학 입시에 도움을 줄 수 있다.

고등학교 교육 과정엔 어떤 변화가 있을까?

고등학교에서는 고교학점제가 이슈다. 학생들이 공통 과목 이수 후 자신의 진로와 적성에 따라 다양한 과목을 선택해 이수할 수 있다. 학생은 수업을 단순히 문과와 이과로 구분해 듣는 게 아니라 자신의 진로와 적성에 따라 다양한 과목을 선택할 수 있다.

고1 때는 공통 과목

먼저 1학년 때 들어야 할 공통 과목을 명시했다. 문 · 이과 구분 없이 모든 학생이 배워야 할 필수적인 내용으로 기초 소양 함양과 더불어 기초 학력을 보장할 수 있도록 구성했다. 국어, 수학, 영어, 한국사, 사회, 과학으로 이뤄져 있으며 사회와 과학은 통합사회와 통합과학으로 통합적 관점에서 구성했다. 그리고 실험 실습 탐구 중심의 과학 교육을 위해 '과학탐구실험' 과목도 신설했다. 그래서인지 중학생 대상 강연 및 컨설팅을 할 때 과학 과목을 공부하는 방법에 대한 문의가 많다.

또한 통합사회와 통합과학 과목이 과연 기존의 사회 및 과학 과목과 어떻게 다른지에 대한 관심도 높다.

통합사회란 초 · 중학교 사회 과목의 기본 개념과 탐구 방법을 바탕으로 지리, 일반사회(정치, 경제, 법 등), 윤리, 역사의 기본 내용을 대주제 중심의 통합적 접근법을 통해 종합적으로 이해할 수 있도록 구성했다. 특히 복잡하고 급변하는 사회 현상에 대한 종합적 이해와 사회적 갈등 해결 능력 등을 함양하기 위해 토의, 토론 학습, 프로젝트 학습, 탐구 학습 등 다양한 활동 중심의 수업을 할 수 있도록 구성했다. 통합사회에서 다루는 주제는 사회 현상을 통합적으로 이해하는 것이다. 이를 위해 '행복, 자연 환경, 생활 공간, 인권, 시장, 정의, 문화, 세계화, 지속 가능한 삶'을 선정해 사회 현상의 특징, 사회 문제의 발생

원인과 해결 방안, 자연과 인간 삶의 조화, 사회적 갈등 해결 방안 등을 모색한다.

통합과학은 중학교까지 학습한 자연과학의 핵심 개념을 적용해 자연 현상을 통합적으로 이해하기 위한 과목이다. 미래 사회에 필요한 과학적 기초 소양을 함양할 수 있도록 학습 내용과 난이도를 재구조화한 공통 과목이다. 이를 기반으로 자연 현상과 인간의 관계, 과학 기술의 발달과 미래 생활 예측과 적응, 사회 문제에 대한 합리적 판단 능력 등 미래 사회에 필요한 과학적 소양의 함양을 목표로 한다. 자연 현상에 대한 4개의 핵심 개념인 '물질과 규칙성, 시스템과 상호 작용, 변화와 다양성, 환경과 에너지'를 중심으로 분과 학문적 지식수준을 넘어 다양한 형태의 통합을 거친 융·복합적 사고력 신장이 가능하도록 구성했다.

고2 때는 선택 과목

2학년부터 진로에 맞게 과목을 선택해서 듣도록 했다. 학생의 진로와 적성에 따른 맞춤형 교육 과정 운영이 가능하도록 선택 과목을 '일반 선택'과 '진로 선택'으로 구분해 개발한다는 것이 교육부의 취지다. '일반 선택'은 고등학교 단계에서 필요한 각 교과별 학문의 기본적 이해를 위한 과목으로 기본 이수 단위는 5단위이며, 2단위 범위 내에서 증감 운영이 가능하다.

'진로 선택'은 융합 학습, 진로 안내 학습, 교과별 심화 학습 및 실생활 체험 학습 등이 가능하다. 학생은 '진로 선택' 과목을 통해 심화된 학습이나 자신의 진로에 도움을 주는 과목을 배울 수 있으며 기본 이수 단위는 5단위이고, 3단위 범위 내에서 유연성 있게 증감 운영을 허용한다.

한편 진로나 적성에 따른 과목 선택권을 확대하기 위해 단위 학교에서는 학생의 선택에 따라 '진로 선택' 과목을 3과목 이상 이수하도록 편성해야 한다. 이 '진로 선택' 과목에서 어떤 것을 이수하느냐는 매우 중요하다. 로봇공학자가 되고 싶은 학생이 '진로 선택'에서 '심화 국어', '고전 읽기' 등을 이수한 경우와 '물리 II', '기하' 등을 이수한 경우 누가 입학사정관의 마음을 움직일지는 굳이 설명할 필요도 없다. 따라서 당연한 얘기지만 자녀가 고등학교 2학년이 되기 전에 로봇공학자가 되고 싶은지 경제학자가 되고 싶은지 결정해야 한다.

요컨대 모든 학생이 '공통 과목'을 필수로 이수한 후에는 진로와 적성에 따라 다양한 '선택 과목'을 이수할 수 있다는 얘기다. 교육부에서는 문과와 이과로 양분된 엄격한 과정이 아니라 자신의 진로에 따른 교육 과정을 이수할 수 있도록 '선택 과목'을 구체적으로 안내할 예정이라고 한다. 이를테면 경상 계열, 어문 계열, 예술 계열, 수학 계열, 과학 계열별로 선택한 자신의 진로에 따라 수업을 이수할 수 있다. 과거 인문 계열과 자연 계열로만 나누고 그 계열을 바꾸려면 여러 가지 행정

절차가 복잡했던 교육 과정에 비해 좀 더 자유롭게 자신의 진로에 맞춰 과목을 선택할 수 있다. 그러기 위해서는 심화된 선택 과목이 가능하도록 일선 학교나 정책 차원에서의 노력이 뒷받침되어야 할 것이다.

다음은 자신의 진로에 따라 선택할 수 있는 과목을 예시한 것이다.

교과군		경상 계열(사회 중심)		어문 계열(외국어 중심)	
		일반 선택	진로 선택	일반 선택	진로 선택
기초	국어	문학, 독서, 언어와 매체	고전 읽기	문학, 독서, 화법과 작문, 언어와 매체	심화 국어
	수학	수학 I , 확률과 통계	경제 수학	수학 I , 확률과 통계	
	영어	영어 I , 영어 II	영미 문학 읽기	영어 I , 영어 II, 영어 회화	진로 영어 영미 문학 읽기 심화 영어(전문)
탐구	사회	세계 지리, 세계사, 경제, 사회·문화, 정치와 법	사회 문제 탐구, 고전과 윤리, 한국 사회의 이해(전문)	한국 지리, 생활과 윤리, 정치와 법	
	과학	물리학 I	과학사	생명과학 I	
체육 예술		체육, 운동과 건강, 음악, 미술		체육, 운동과 건강, 음악, 미술, 연극	
생활 교양		한문 I , 실용 경제, 진로와 직업, 논술		중국어 I , 한문 I , 진로와 직업	중국어 회화 I (전문) 중국어 II

| 교과군 | 예술 계열(예술 중심) | | 이공 계열(수학, 과학 중심) | |
	일반 선택	진로 선택	일반 선택	진로 선택
기초 국어	문학, 독서	고전 읽기	문학, 독서, 화법과 작문	
기초 수학	수학 I , 확률과 통계		수학 I , 수학 II , 미적분	기하, 수학 과제 탐구
기초 영어	영어 I , 영어 독해와 작문, 영어 회화	영미 문학 읽기, 실용 영어	영어 I , 영어 독해와 작문, 영어 회화	진로 영어
탐구 사회	한국 지리, 생활과 윤리	여행 지리	사회·문화	
탐구 과학		융합과학	물리학 I , 화학 I , 지구과학 I	물리학 II , 화학 II , 지구과학 II , 융합과학
체육 예술	체육, 운동과 건강, 음악, 미술, 연극	미술 창작, 드로잉, 매체 미술 (전문)	체육, 운동과 건강, 음악, 미술	
생활 교양	일본어 I , 한문 I , 철학, 진로와 직업		기술·가정, 정보, 진로와 직업, 환경	

2019년 봄, 고등학교 2학년인 한 학생은 경제 관련 수업에 집중하고 있다. 대학에서 경제학을 전공하기로 마음먹었기 때문이다. '일반 선택' 과목 가운데 미적분, 확률과 통계, 실용 경제를 골랐다. 3학년 때는 '진로 선택' 과목 중 경제 수학, '전문 교과'인 국제 경제 등을 이수할 계획이다.

같은 학년인 또 다른 학생은 의대 계열 진학을 원한다. 그래서 생명

과학 수업에 집중하고 있다. 1학년 때 '일반 선택' 과목인 생명과학 I을 이수했다. 2학년 때는 '진로 선택' 과목 중 생명과학 II, 3학년에 올라가면 전문 교과 과목 중 고급 생명과학, 생명과학 실험을 공부할 계획이다. 두 학생은 선택 과목에 상당한 공을 들인다. 이렇게 선택하면 학교생활기록부의 '교과 학습 발달 사항'에 성적이 기록된다. 그런데 우리가 흔히 중간고사, 기말고사 성적으로 알고 있는 교과 학습 발달 사항에 우수한 성적이 기록되는 것만 집중하면 좀 곤란할 수 있다. 이렇게 선택한 과목의 교내 수상 내역과 과목별 세부 능력 특기 사항을 신경 써야 한다. 학교에서 교내 경시 대회나 독후감 등의 상을 수여할 때는 적극 참여하는 것이 좋다. 그리고 과목별 세부 능력 특기 사항은 담당 교과목 선생님이 해당 학생에 대해 한 학기 동안 어떻게 참여하고 어떤 실적을 냈는지 정성적으로 기록하는 항목이다. 위에서 예시한 학생(대학에서 경제학을 전공하기로 마음먹은 학생)의 경우 교내 수학 경시 대회에서 수상 기록이 있고 자신이 이수하는 실용 경제 또는 경제 수학 과목에서 담당 교과목 선생님의 긍정적 의견이 자세히 기록되어 있다면, 수시 전형을 담당하는 입학사정관을 설득할 수 있다.

　교육부는 2017년 11월 27일 이와 같이 4가지 계열로 나뉘어 교육 과정을 선택할 수 있도록 한 운영 과정에 더 적극적인 의지를 표현하기 위해 고교학점제에 대한 구체적 계획을 발표했다. 대학생이 수강 과목을 선택하는 것처럼 고등학생도 자신의 진로와 흥미에 따라 원하는 교과목을 선택해 들을 수 있다. 2019년부터 전국 100개 고교를 연구 및 선도 학교로 운영할 계획이고 이를 점차 확대해 2022년부터는 전면 시행할 예정이다. 이와 같이 교육부는 획일적인 교육 과정 대신 학생 개개인의 진로와 적성에 따른 맞춤형 교육 과정을 제공한다는 기본 취지를 거듭 강조하고 있다.

여기서는 새로운 교육 제도의 정착과 관련한 우려는 잠시 접어두고자 한다. 대신 앞으로의 변화 방향에 대해 이야기하고, 그 방향에 따라 현실적인 준비를 하는 데 더 주목하고자 한다.

2015 개정 교육 과정을 적용하는 시기는 다음과 같다.

- 2017년 3월: 초 1~2학년 적용
- 2018년 3월: 초 1~4학년, 중 1학년, 고 1학년 적용
- 2019년 3월: 초 1~6학년, 중 1~2학년, 고 1~2학년 적용
- 2020년 3월: 초 1학년~고 3학년 전체 적용

교육 과정을 개편하면 불안한 게 사실이다. 그렇다고 학부모나 교사가 공교육에 불만을 갖고 있으면 아이들은 학습 의욕이 떨어질 수밖에 없다. 제도권 교육을 받지 않고 홈스쿨링이나 대안 학교를 선택하기로 결정했다면 몰라도 학교에서나 가정에서 부정적인 이야기를 하는 것은 아무런 도움이 되지 않는다. 변화는 모두에게 적용되므로 현재에 충실하면서 대책을 세워야 한다. 기본에 충실하고 변화하는 기류를 살펴서 정보를 모으는 것이 무엇보다 필요하다.

2

2015 개정 교육 과정에 따른 진로 전략을 찾아라

나는 연구소를 방문한 중3 민경이(가명)와 중2 준우(가명)가 불안해하지 않도록 상담을 진행했다. 불안해한다고 해서 결과가 나아질 것은 전혀 없기 때문이다. 똑같은 상황이라면 먼저 긍정적으로 준비하는 사람한테 기회가 올 것이라는 이야기로 마음의 문을 열게 했다.

2015 개정 교육 과정에서 주목해야 할 점은 진로에 대해 어렸을 때부터 본인과 부모가 함께 많이 성찰하고 준비해야 할 필요성이 더 커졌다는 것이다. 구체적으로 살펴보면 고등학교 2학년부터 시행하는 선택 과목 확대 때문이다. 아울러 자신의 진로에 맞춘 여러 가지 활동을 담은 학교생활기록부의 내용이 대학 입시에서 더 중요해졌기 때문이다. 자신의 진로 방향을 잡아야 거기에 맞게 학점을 이수하고, 그 분야에 관심을 갖고 수상 경력과 과목별 세부 특기 사항을 준비할 수 있

다. 더 나아가 관련 분야의 독서, 체험, 봉사 활동 등을 수행할 수도 있다. 수시 전형이 증가한 만큼 학교생활에서 일어나는 모든 평가와 활동을 담은 학교생활기록부의 중요성을 간과해서는 안 된다.

2022년부터는 모든 고등학생에게 전면적으로 학점제를 시행한다. 고등학교 2학년이 되면 학생 스스로 전 과목의 시간표를 구성해야 한다. 따라서 자신의 진로와 적성을 미리 파악해야 선택 과목을 결정할 때 유리하다. 자신의 진로와 관계없이 단순히 높은 등급을 확보하기 쉬운 과목을 집중 선택할 경우 입학사정관들이 어떻게 생각할까? 당연히 응시하고자 하는 전공과 학교 활동 및 성적을 정성적으로 살펴보는 학생부종합전형에서 긍정적 평가를 받기 어렵다.

늦어도 고등학교 1학년까지는 자신의 진로를 결정해야 선택 과목을 결정하는 데 도움이 된다. 방법은 다양하다. 먼저 국·영·수·사·과 교과목 공부를 열심히 한다. 공부를 해보면 어떤 과목이 자신과 잘 맞고 그렇지 않은지 알 수 있기 때문이다. 또는 진로 적성 검사를 받거나, 대학별 전공 체험 프로그램에 참여한다. 아울러 관심 있는 분야에 대해 인터뷰, 현장 체험, 온라인과 오프라인에서의 자료 검색 등 다양한 방법으로 자신이 하고 싶은 일을 탐색하고 이 모든 것을 종합해 진로를 정해야 한다. 그리고 교육부가 공개한 선택 과목 중 어떤 걸 이수하는 게 도움이 될지 미리미리 생각해보는 것이 좋다.

중·고등학생에게 진로와 공부법 설계해주기

민경이는 자신의 진로에 대해 특별히 생각해본 적이 없다고 했다. 막연히 친척 중 의사가 몇 명 있어서 의대 진학을 생각하고 있을 뿐이다. 하지만 의대 진학에 필요한 수학 공부가 부담스럽고, 진로가 불명확하니 공부에 대한 의욕이 점점 떨어져 이젠 아무것도 하기 싫다고 했다. 나는 상담을 통해 민경이의 현재 공부 습관과 방법을 체크하고 미래의 진로와 관련해 마음의 힘을 얻을 수 있도록 노력했다.

1 상담 전 미션

민경이는 상담 전에 먼저 현재의 성적과 공부 습관, 자신의 미래 모습 등을 작성했다. 아울러 '나의 보물 지도는 무엇일까?'와 '목표 선언서'도 작성했다. 아이들은 스스로 자신에 대해 찬찬히 돌아보며 정리할 기회를 갖지 않고 하루를 바쁘게 지내는 경우가 많다. 따라서 일차적으로 자신을 돌아보고 자신의 장점과 단점, 평소 습관 등을 스스로 체크해보는 시간이 중요하다. 그리고 어머니도 함께 진로 DNA 검사와 성격 유형 검사도 받는다.

상담을 하기 전에 이런 과정을 거치면 학생 입장에서도 자신의 생활 습관, 고쳐야 할 점 등을 살펴보고 진로에 대해 많은 것을 생각하게 된다.

2 면대면 상담

직접 상담할 때는 학생의 진로와 성적 관리를 위한 습관, 학교 생활, 가족 및 친구 관계 등을 확인한다. 이때는 아이와 일대일로 이야기한다. 옆에 부모가 있으면 아이가 자신의 이야기를 자발적으로 하려 하지 않는 경향이 있기 때문이다. 부모와 상담할 때도 아이는 다른 공간에서 진로 로드맵을 그려보도록 한다. 사춘기 아이들에게 어른끼리 하는 대화는 자칫 역효과를 일으킬 수 있다. 아이와 동석한 자리에서는 특히 아이 자신에 대한 평가, 학교나 선생님 등에 대한 부정적인 말을 삼가야 한다.

3 상담 후의 공부 습관과 심리적 안정 찾기

상담 후에는 공부 습관을 정착시키기 위한 미션을 작성하고, 실천 가능한 방법을 모색한다. 이때는 아이를 한 사람의 인격체로 대해야 한다. 즉 아이 스스로 자신이 어떻게 해야 하는지 잘 알고 있다는 사실을 인정해야 한다. 대부분은 공부 습관이 잡히지 않은 게 문제이다. 이 경우 공부 습관을 잡고 미션을 수행할 수 있도록 최대한 구체적으로 이야기한다. 그리고 이를 실천 및 확인할 수 있는 절차를 자세히 상담한다. 한편 공부 습관이 이미 잡혀 있는 상위권 학생들은 '멘탈 관리'를 힘들어한다. 심리적으로 불안해하는 학생들에게는 그에 맞는 미션을 준다.

성격 유형 검사와 상담 과정을 통해 아이의 특성과 적성을 파악하고 진로를 함께 고민하면 아이는 공부하고 싶다는 의욕을 많이 얻는다. 이때는 자신의 미래 모습을 상상하고 시각화하는 과정 또한 중요하다. 자신이 다니고 싶은 대학의 정문 앞에서 찍은 사진을 '2020년 3월 입학식'이라는 문구와 함께 벽에 붙여보자. 자신이 다니고 싶은 대학교의 식당에서 밥을 먹어보는 것도 좋다. 또는 자신이 받고 싶은 상장을 직접 만들어 붙여보자. 이와 같은 자료를 눈에 잘 띄는 책상 앞이나 방문 앞에 붙여놓고 매일 보는 것이다. 그러면 자신의 목표를 이루기 위해 실천하고자 하는 의지가 높아진다. 의지가 생겼다면 실제 행동으로 옮길 때다. 거듭 말하지만 공부 습관을 익히는 가장 좋은 방법은 학습량을 스몰 스텝으로 잘라서 반복하고 밀려서 쌓이지 않도록 하는 것이다. 방법을 알았으면 반드시 행동으로 옮겨야 한다. 행동을 반복하면 습관으로 정착시킬 수 있다.

유치원이나 초등학교 저학년 아이의 진로와 공부법 찾기

초등학교 2학년에 재학 중인 지원이(가명) 엄마는 벌써부터 고민이 많다. 초등학교 고학년이 되면 사춘기라 부모 말을 잘 안 듣는다는 이야기도 있고, 어렸을 때 공부 습관을 잡아놓아야 한다는 이야기도 있는데 구체적으로 어떻게 해야 할지 모르겠기 때문이다. 그렇다고 공부의 양을 무조건 늘릴 수도 없다고 하소연했다. 사실 공부 습관의 문제는 아무리 강조해도 지나치지 않다. 그 습관은 어릴 때부터 자연스럽게 몸으로 익혀야 한다. 따라서 초등학교 저학년부터 강압적이지 않은 방법으로 공부 습관을 잡아주는 것이 무척 중요하다. 아이와 함께 도서관이나 대형 서점에 놀러가고, 여러 가지 체험 활동을 하고, 박물관과 청소년 수련원에서 하는 모임이나 수업에 참여해보자. 이때는 놀러가듯이 재미있는 분위기를 느끼도록 하는 것이 중요하다.

교육 과정과 연계된 독서 활동

재윤이와 지윤이가 유치원에 다닐 때 일이다. 지윤이가 다니던 유치원은 성당 부설인데, 다소 엄격한 분위기에서 약간 타이트하게 짜인 교육을 진행하는 곳으로 소문난 곳이었다. 유치원에서는 일주일에 한 번씩 주간계획표를 보내왔다. 주간계획표에는 그 주에 배울 내용과 준비물, 행사 등이 적혀 있었다. 나는 계획표를 냉장고 문에 붙여놓고 주말에 아이들과 함께 도서관에 갔다. 그리고 계획표를 참고해서 책을 빌렸다. 만약 '날씨가 흐려졌어요'라는 단원 제목이 있다고 하면 날씨, 구름의 생성 등과 같이 유치원 교육 과정과 연계된 내용의 그림책, 과학동화책 등을 빌리는 식이다. 이를 통해 나는 아이들이 좋아할 만한 영상 자료와 활동, 재미있는 책의 내용을 잘 반죽해서 제시하면 아이들은 놀라운 흡입력을 발휘한다는 걸 알았다. 유치원 연령의 아이들에게 초등 고학년 정도의 기본 개념을 알려줄 수도 있다는 것이다. 선행 학습을 하라는 말은 절대 아니다. 아이들의 사회생활이 이루어지는 유치원 또는 학교에서 배우는 교육 과정에 맞춰 재미있으면서도 심도 있는 학습 자료를 제시해주는 것이 필요하다는 얘기이다.

교육 과정과 연계된 체험 활동

학습 자료뿐 아니라 체험 활동이나 견학도 학교 교육 과정과 연계해 하는 것이 좋다. 날씨에 대한 체험 활동은 전국 기상청에서 진행한다. 대구기상청에서 하는 프로그램은 유치원부터 초등학교 학생이 참여하면 좋다. 이곳에서는 태풍과 지진 같은 위험 기상 상황의 발생 원리에 대해 알아본다. 화산 수업에서는 화산의 구조와 종류, 화산의 발생할 때 일어나는 일 등에 대해 공부하고 화산 모형도 직접 만들어본다. 단열 팽창을 이용해 구름이 생기는 원리를 이해하는 실험도 하고, 태풍의 발생 모형도 제작해본다. 전북 정읍에 위치한 전북기상과학관에서는 기상과 천문 이야기를 스토리텔링으로 풀어내는데, 100퍼센트 사전 예약제로 운영한다. 광주지방기상청에서도 '날씨 꿈나무'를 위한 체험 학습을 하고 있다. 마지막으로 서울기상청에서는 초등학교 3학년 이상 일반 국민을 대상으로 홍보 동영상, 관측 장소 견학, 기상 캐스터 체험 활동을 한다. 또한 일기 예보 과정을 살펴보고 직접 기상 예보관이 되어 일기도를 그림으로 그려보기도 한다.

날씨뿐만 아니라 과학관을 이용한 체험 활동을 통해 과학 전반에 대한 경험을 해볼 것을 권한다.

홈페이지	기관명	특징
www.science.go.kr	국립 중앙 과학관	대전에 위치한 국립중앙과학관은 방학을 이용해 참가할 수 있는 과학 캠프와 과학 교실, 학기 중 1박 2일 일정으로 운영하는 과학 문화재 탐방 교실 등 다양한 프로그램을 운영하고 있다. 홈페이지를 참고해 모집 공고에 관심을 갖는 것이 중요하다.
www.sciencecenter.go.kr	국립 과천 과학관	상설 전시관으로 어린이탐구체험관, 기초과학관, 자연사관, 전통과학관,첨단기술관 등으로 구성되어 있다. 전시 해설, 전시장 체험, 창의 체험 프로그램을 신청해 이용하도록 해보자.
www.ssm.go.kr	국립 어린이 과학관	과학 원리를 감각, 상상, 창작 놀이터로 체험할 수 있도록 되어 있고 4D체험관, 천문 우주 등의 체험 시설을 운영하고 있다.
www.icsmuseum.go.kr	인천 어린이 과학관	국내 최초 어린이 전문 과학관으로 2011년 개관했다. 인간, 생물, 환경 작용을 통해 지구의 시스템을 이해하는 지구 마을, 4차원적 미래 도시상을 구현한 도시 마을 등 전시관이 있다. 주말 과학 체험, 방학 특별 교육 프로그램도 운영한다.
www.sciencecenter.or.kr	국립 광주 과학관	초등학생이 다양한 분야의 과학을 접할 수 있도록 도와준다. 특히 '과학 영재 융합 탐구 프로그램'은 물리, 화학, 생명공학, 전자공학, 로봇공학을 주제로 각 분야의 박사들과 수업을 하는 방식으로 체험 활동을 1년 동안 지속적으로 수행한다. 그 밖에 다양한 프로그램과 특별 행사 및 전시가 매우 활발히 이루어지고 있다.

이와 같이 유치원 이후부터는 교육 과정과 연계해 독서를 하고 체험 활동과 여행을 일상으로 만들면 좋다. 아이들과의 여행이 곧 체험 활동이 되도록 하면 더욱 좋다. 이때 부모는 아이들의 교육 과정을 알고 있는 게 중요하다. 유치원이나 초등학교 교육 과정에 있는 5대 과목 분야는 관심을 가지면 부모도 그 개념을 파악할 수 있다. 그렇게 하기 위한 실천적인 팁은 새로운 학기가 시작될 때 5대 과목, 또는 사회와 과학의 목차를 복사해 거실이나 냉장고에 붙여놓는 것이다. 가정에서 왔다 갔다 하며 이를 살펴보고 아이들과의 대화도 학습 내용과 관련한 구체적인 내용으로 하다 보면 자연스럽게 공부하고 싶은 마음이 들 수 있다. 독서나 체험 활동, 여행을 갈 때 참고할 수 있어 더욱 좋다. 중학교 이후에는 아이들에게 시간도 없을뿐더러 독립적인 성향이 강해진다. 따라서 초등학교 때 부모가 체험 활동에 적극적으로 참여하는 것이 좋다.

영상물의 교육적 활용 문제

"학습 관련 영상 자료가 많은데, 이걸 보여주는 건 어떤가요?"

이런 질문을 하는 부모가 의외로 많다. 이때 난 가능하면 보여주지 않는 게 좋다고 대답한다. 어떤 부모는 아이들에게 학습 동영상을 계속 틀어주는 경우가 있는데, 이는 좀 위험한 방법이다. 가만히 앉아 화려하게 펼쳐지는 동영상을 보는 데 익숙해지는 것보다 아이들에겐 직접 몸을 움직여 익히는 게 필요하다. 특히 책은 아이들의 발달 단계에 맞게 팝업 형식도 있고, 만화 형식도 있고, 동화 형식도 있으니 잘 골라주는 것이 매우 중요하다.

학습 동영상도 조심해야 하는데 하물며 스마트폰을 습관적으로 유아기 또는 유치원 정도의 아이한테 보여주는 부모는 정말 놀랍다. 요즘은 스마트폰을 어떻게 관리하느냐가 유아기부터 중·고등학교까지 공부 습관을 잡는 키워드이기도 하다. 가능한 한 어렸을 때부터 스마트폰과 친해지지 않도록 하자.

부모가 이와 같은 개념을 갖고 유치원부터 공부 습관을 잡아주는 것이 중요하다. 내 경우 지원이 엄마처럼 구체적인 도움이 필요한 경우 부모의 MBTI 유형을 분석한다. 아울러 유치원이나 초등학교 저학년한테는 MBTI 대신 진로 DNA 분석을 하고, 부모 두 분의 성향을 파악해 역할 분담이나 교육 방침에 대한 안내를 한다. 초등학교 3학년 이상부터는 부모와 함께 학생도 MBTI와 진로 DNA 분석을 한다. 그리고 개인적 문제점은 무엇인지, 또 유형에 따라 어떤 분위기에서 공부 습관을 잡아줘야 하는지, 칭찬은 어떻게 해야 하는지 구체적인 방법을 안내해드린다.

미래를 준비하는 가장 좋은 방법

"아이를 위해 어떻게 해줘야 할지 모르겠어요."

이렇게 말씀하는 부모가 많다. 나 또한 두 아이의 엄마로서 어디까지 해주고 어디부터 지켜봐야 하는지 항상 고민이 많았다. 성당 미사에 참석해서는 아이들한테 잘못하는 '천하의 나쁜 엄마'로서 속죄하는 기도만 했던 기억이 난다. 때론 교육적이지 않은 말을 하고, 어떤 경우엔 매를 대기도 했다. 아무리 사랑의 매라지만 과연 그럴 수밖에 없었는지 돌아보고 또 돌아보곤 했다.

그랬던 아이들이 이제 스무 살이 넘었다. 아이들한테 한창 신경 쓸 땐 잘 몰랐던 것들을 내 몸과 마음을 관통해서 지내고 보니 조금은 알 것 같다.

아이들에겐 최대한 교육적 환경을 만들어주고 지켜봐야 한다. 교육적 환경은 일상에 스며 있는 것이 가장 좋다. 가능하면 최대한 자연스럽게 놀이 삼아 해준다. 그러려면 부모가 더 많이 힘들 수 있다. 그냥 공부하라고 하면 될 일인데 말이다. 학교 교육 과정과 관련한 목차를 벽에 붙여놓고 이를 기준으로 재미있는 자료를 함께 찾아본다. 여행할 때도 교육 과정과 관련한 체험 활동을 할 수 있는 곳으로 간다. 예를 들어 학교에서 삼국 시대에 대해 배울 때는 경주나 부여 쪽 여행을 선택하고 박물관을 찾아간다. 박물관에 도착해서는 "너희들이 알아서 보고 와" 하는 것보다 함께 관람하면서 "이 왕관의 특징은 어떻고 이 탑은 왜 7층 석탑인지"에 대해 이야기하는 것은 큰 차이가 있다.

진로에 대해 이야기하는 데 왜 공부 방법을 이야기하는지 의아할 수 있다. 공부를 해봐야 어떤 것이 자신한테 맞는지 알 수 있다. 체험 활동을 여러 군데 다니면서 관찰해보면 아이의 흥미와 개성을 파악할 수 있다. 이런 것을 알면 진로를 결정할 때 선택의 폭이 훨씬 넓어진 다. 구체적으로 말하면, 고등학교 2학년이 되어 계열별로 과목을 선택 할 때까지 최대한 생활 속에서 교육적 환경을 제공하고 아이의 선택 을 존중하는 것이 부모가 해야 할 중요한 역할이라고 생각한다. 정말 부모 노릇하기 힘든 시대지만 그래도 어쩌겠는가. 지금 이 순간 할 수 있는 만큼 노력하는 것만이 최선인 듯하다.

많은 분들이 교육 과정이 개정되었으니 아이의 진로를 알아봐야 한 다고 이야기한다. 이때 어떤 검사를 받더라도 그 검사지에 나온 결과 가 정답은 아니다. 그 결과는 성장하는 동안 생활 속에 스며든 여러 활 동, 즉 생활 속에서 자신을 돌아보는 것과 함께 검토해야 한다. 진로 검사와 더불어 본격적으로 학습량이 늘어나는 초등학교 고학년부터 중학교까지 5대 과목(국·영·수·사·과)의 공부에 집중해보자. 공부 를 해보면 사회보다 과학이 더 재미있고 성적도 더 잘 나온다거나, 사 회 과목에서 경제 분야를 공부할 때 집중이 더 잘된다거나 하는 것을 알 수 있다. 이렇게 고등학교에 진학해 계열별 선택 과목을 정하기 전 까지 여러 가지 방법을 동원해 자신이 무엇을 좋아하는지 알아보자. 진로를 진지하게 모색하려면 지금 현재의 일상에 충실해야 한다. 일 상에 충실한 것이 미래를 준비하는 가장 좋은 방법이다.

3

10년 후, 어떤 직업이
살아남을까?

10년 후면 4차 산업혁명이 본격화해 지금과는 엄청나게 다른 변화가 나타날 것으로 예상된다. 근미래인 10년 후에 각광받을 직업을 해외 편과 국내편으로 나누어 살펴보자. 우리 아이들이 자신의 미래를 준비하는 데 큰 도움이 될 것이다.

미래의 직업: 해외편

미래에는 과연 어떤 직업이 유망할까? 한편으론 기대되고 한 편으론 두려움마저 생기는 질문이다. 단적으로 말해, 국토가 좁고 인구밀도는 높은 우리나라 청소년들은 세계로 진출해 활동해야 한다. 따라서 미래 지향적으로 국내 직업뿐만 아니라 선진국의 직업에도 관심을 가져야 한다. 2015년 교육부, 고용노동부, 한국직업능력개발원,

한국고용정보원이 함께 미래의 직업 세계에 대한 자료를 분석해 발표했다. 이 진로 교육 자료를 토대로 미래의 해외 직업을 7가지 영역으로 나누어 살펴보면 다음과 같다.

첫째, 세계화 관련 직업이 유망하다. 음속 비행기나 하늘을 날아다니는 자동차같이 먼 거리를 왕복하는 데 걸리는 시간이 줄어들면서 국가 간 물자와 사람의 교류가 활발해지고 있다. 이에 따라 국가 간 무역이나 교류를 촉진하는 사업, 혹은 국가 간 분쟁을 조정하는 일이 더욱 중요해졌다. 특히 국제 교류가 늘면서 국제회의를 준비하는 전문 업체가 주목받고 있다. 첨단 장비가 대신할 수 있는 단순 통역사보다는 국가 간 문화와 배경, 사람의 마음을 움직일 수 있는 매너와 인격 등을 갖추는 쪽으로 관심을 기울이면 좋겠다.

둘째, 컴퓨터 관련 직업이 유망하다. 최근 컴퓨터와 스마트폰의 성장에서 볼 수 있듯 예측 가능한 직업군이다. 특히 소프트웨어 개발 영역은 매우 넓다. 실생활에 필요한 앱을 개발하거나 게임 프로그램 개발 같은 영역으로 시야를 확대할 필요가 있다. 예를 들어 수년 동안 가파른 성장을 구가하고 있는 카카오는 2017년부터 은행 업무인 카카오뱅크를 시작해 시니어들까지도 편리하게 이용할 수 있도록 접근하고 있다. 카카오내비도 수많은 내비게이션 회사를 침묵하게 만들고 있다. 실시간 교통 상황까지 분석해서 안내하는 카카오내비의 편리함에 많은 사람이 익숙해지고 있는 것이다.

이와 관련한 IT 및 공학 분야의 직업을 구체적으로 살펴보면 사물 인터넷 개발자, 디지털 큐레이터, 웹 접근성 컨설턴트, 데이터 마이너, 지리 정보 시스템 기사, 3D 모델러 등이 있다.

셋째, 전기 제품 제조 관련 직업이 유망하다. 이른바 블랙아웃이 발생했을 때 우리가 할 수 있는 일은 무엇일지 상상해보자. 각종 가전제품, 컴퓨터 관련 업무 등 모든 일을 수행할 수 없을 것이다. 이는 단순한 정전 사태가 아니라 인류의 존망이 달린 문제이기도 하다. 따라서 미래 사회에서는 산업 전반에 걸쳐 전기전자 관련 직업의 중요성을 간과해서는 안 된다.

넷째, 기계, 재료, 화학 관련 직업이 유망하다. 이는 사회의 근간을 이루는 기본적인 산업이기도 하다. 따라서 이 분야와 관련한 직업 또한 중요하다. 공학 관련 직업으로는 특히 무인 항공기 시스템 개발자가 있을 수 있다.

다섯째, 보건 복지 관련 직업이 유망하다. 노인 인구가 증가하고 생활수준이 향상하면서 의료와 복지 서비스의 수요가 폭발적으로 커지고 있기 때문이다.

의료 관련 직업으로는 의료 일러스트레이터, 학습 장애 간호사, 제약 의사, 세포 검사 기사, 유전 상담사, 간호 정보 전문가를 들 수 있다. 치료 관련 직업으로는 애견 세러피스트, 음악 치료사를 들 수 있다. 교육 관련 직업으로는 교육 자문 및 검토관을 들 수 있다. 복지 관련 직업으로는 평등 관리 사무원, 케어 매니저, 아동·청소년 시설 보호사, 장애인 잡 코치, 재능 기부 코디네이터 등이 있다. 상담 관련 직업을 보면 괴롭힘 방지 조언사, 산업 카운슬러, 약물 남용·행동 장애 상담사, 결혼·가족 상담 치료사 등이 있다. 컨설팅 관련 직업으로는 개인 관리 컨설턴트, 개인 브랜드 매니저, 웰니스 코치가 있다. 여가 관련 직업으로는 문화여가사, 소비 생활 어드바이저 등이 있다.

여섯째, 문화 관련 직업이 유망하다. 최근 한류(韓流)의 열풍에서 보듯 문화 산업은 매우 중요한 산업 분야이다. 방송, 영화, 디자인, 스포츠, 예술 작품, 문화제 등과 관련한 다양한 직업이 앞으로 더욱 발전할 것으로 예상된다.

이를 구체적으로 살펴보면 영화 관련 직업으로는 동물 랭글러, 무인 항공 촬영 감독이 있고 음악 관련 직업으로는 목소리 코치가 있다. 그중 동물 랭글러는 다소 생소한데, 동물을 섭외하고 영화 촬영 현장에서 정서적으로 안정시키며 촬영 시 원하는 장면을 연출하도록 돕는 역할을 한다. 게임 관련 직업으로는 게임 감시관 및 조사관, 비디오게임 디자이너가 있다. 스포츠 관련 직업으로는 스포츠 기록 분석 연구원, 야외 활동 지도사, 스포츠 카운슬러 등의 직업이 유망할 것으로 예상된다.

일곱째, 사회가 발전하면서 경제 규모가 커지고 금융 부문도 성장하는 경향이 있다. 따라서 금융·경영 관련 직업이 발전하고 세분화할 것으로 예상된다.

경영 관련 직업으로는 사회보험노무사가 있고 금융 관련 직업으로는 손실 방지 전문가가 있다.

미래의 직업: 국내편

한편 한국고용정보원(www.work.go.kr)에서도 우리나라 대표 직업에 대해 향후 10년(2016~2025) 동안의 일자리 전망과 그 요인을 수록한 〈2017 한국직업전망〉을 발간했는데, 이를 통해 '7대 변화 트렌드'를 알 수 있다. 첫째 4차 산업혁명 선도 기술직의 고용 증가, 둘째 4차 산업혁명으로 핵심 인재 중심의 인력 재편 가속화, 셋째 기계화·자동화로 대체 가능한 직업의 고용 감소, 넷째 고령화·저출산 등으로 인한 의료·복지 직업의 고용 증가, 다섯째 경제 성장과 글로벌화에 따른 사업 서비스 전문직의 고용 증가, 여섯째 안전 의식 강화에 따른 안전 관련 직종의 고용 증가, 일곱째 ICT 융합에 따른 직업 역량 변화가 그것이다.

해외 직업과 마찬가지로 우리나라의 유망 직업 또한 같은 방향성을 띠고 있다는 것을 알 수 있다.

이와 관련해 한국고용정보원에서는 새로운 직업 26가지를 '한국직업사전'에 등재했다. 이로써 '한국직업사전'에 등재된 우리나라의 총 직업 수는 1만 1440개가 되었다. 이는 기술이 발달하고 부문 간 융합

이 이루어짐으로써 새로운 제품과 서비스가 나오고, 해당 분야의 수요가 증가해 새로운 직업이 탄생하는 것을 의미한다.

먼저 3D 프린터 개발자는 3차원 도면을 바탕으로 실물의 입체 모양을 만드는 기계를 연구·개발하는 사람을 말한다. 건축이나 의상 제작 분야까지 3D 프린터는 매우 넓은 범위에서 주목받고 있다. 스마트 헬스 케어 개발자는 모바일 혈압·혈당계 등 스마트 헬스 케어 서비스에 사용되는 액세서리나 웨어러블(wearable) 기기를 연구·개발한다. 엔(N) 스크린 서비스 개발자는 하나의 콘텐츠를 스마트폰과 PC, 스마트 TV, 태블릿 PC 등 다양한 디지털 정보기기에서 공유할 수 있는 네트워크 서비스를 개발하는 사람이다. 빅 데이터 전문가는 대량의 정제되지 않은 데이터를 활용해 새로운 부가가치를 창출할 수 있는 정보를 생산·제공한다. 기업 컨시어지는 기업 임직원에게 업무와 생활에 필요한 개인 비서 서비스를 제공하며, 정리 수납 컨설턴트는 사무실이나 가정의 물건 등을 정리해 공간을 쾌적하고 효율적으로 사용할 수 있게 도와준다.

이와 함께 스마트 헬스 케어 서비스 기획자, 디지털 광고 게시판 기획자, 빌딩 정보 모델링 전문가, 도시 재생 전문가, 온라인 평판 관리원, 정밀 농업 기술자, 협동조합 코디네이터, 연구 기획 평가사, 연구 장비 전문가, 산림 치유 지도사, 소셜 미디어 전문가, 수의사 보조원, 생활 코치, 이혼 상담사, 임신 출산 육아 코치, 민간 조사원, 영유아 안

전장치 설치원, 온실가스 관리 컨설턴트, 연구실 안전 전문가, 홀로그램 전문가를 정식 직업으로 새로 등재했다.

지금의 공무원, 교사, 회사, 자영업 등과 같은 직업하고는 사뭇 다른 생소한 직업이 많다는 걸 알 수 있다. 현재 중학교에 재학 중인 학생에게 예를 들어 '협동조합 코디네이터'라는 직업만을 갖기 위해 준비하라고 할 수는 없다. 지금처럼 '교사' 직업을 희망할 경우 그에 맞는 진학 계획을 세우고 대학도 사범대에 진학하는 것처럼 구체적이면서도 그 길을 찾아주는 개념의 진로 지도와는 다른 방법이 필요하다.

4차 산업혁명 시대에 맞는 진로 찾기

첫째, 자신의 진로를 생각하면서 그걸 성취하려면 현재를 충실히 보내도록 지도하는 것이 중요하다. 현재를 충실히 보낸다는 것은 학생 입장에서 공부를 열심히 하는 것을 의미한다. 아울러 진로 지도를 통해 동기 부여를 해야 한다는 뜻이다. 현재 대학 입시에서는 수시 전형이 늘어나고 그에 따라 학교생활기록부에서 교과 학습 발달 사항, 수상 경력, 과목별 세부 능력 특기 사항이 더욱 중요해졌다. 또한 수시 전형으로 입시를 치르더라도 수능 최저 학력 기준을 맞춰야 하므로 기초 학력인 국어, 영어, 수학 실력을 탄탄하게 쌓는 게 점점 더 중요해지고 있다. 또 한편으론 성인이 되어 직업인으로 살아갈 때도 소통과 정보 해득력이 필요하므로 국어와 영어 실력은 중요하다. 또한 수학적 사고력의 중요성이 증가할 것이라는 점도 같은 맥락의 이야기다. 따라서 초등학교부터 입시 공부를 한다는 개념보다 교육 과정과 연계된 독서 활동 및 생활 영어를 실천하고 교구를 활용한 창의 수학으로 기본기를 탄탄하게 쌓도록 하자.

서울대 1학년 학생들과 수원의 효원초등학교 6학년 학생들이 같은 수학 문제를 풀었다. 누가 더 정확하게 빨리 풀었을까? 바로 초등학교 6학년 학생들이다. 이들이 푼 것 중에는 2014년도 수능에서 출제된 미분 문제도 있었다. 당시 대결에 참가한 효원초등학교 6학년 학생들은 수학을 시각적으로 이해하는 4주간의 특별 프로그램을 공부했다.

4차 산업혁명 시대에 계산은 인공지능이 다 할 텐데 수학 문제를 푸는 게 어떤 의미가 있을까? 사람이 해야 할 일은 거기에 무슨 의미가 있는지 해석하고 앞으로의 방향을 예측하는 것이다. 그런 의미에서 직관력을 갖고 수학을 공부하는 것이 중요하다. 수학적 사고력이 바로 통계, 인공지능 산업의 기초 분야이기 때문이다. 효원초등학교 학생들이 서울대생들보다 수학 문제를 더 빨리 더 잘 풀었다는 것은 직관력 있는 수학 공부를 하면 나이나 지식과 상관없이 충분히 효과를 볼 수 있다는 뜻이기도 하다.

둘째, 융합적이고 간학문적인 직업인으로 살아갈 수 있도록 소통과 창의적 자질을 키워주어야 한다.

미국에는 미래 직업 변화에 대해 주요 200대 직업을 매년 조사 · 평가하는 취업 전문 사이트 '커리어캐스트(www.careercast.com)'가 있다. 이곳에서는 2017년 보고서를 통해 "수치와 데이터를 다루는 일이 점점 중요해지면서 통계학과 수학 관련 전문가들이 좋은 대접을 받을 것"이라고 전망했다. '커리어캐스트'는 미국 노동청 통계 등 다양한 자료를 바탕으로 직업별 수입과 업무환경, 스트레스, 미래 전망 등의 분야로 나눠 트렌드를 평가하고 종합해 순위를 매긴다. 2017년 보고서에 따르면 'STEM (Science, Technology, Engineering, Mathematics)' 분야와 보건·의료 부문이 가장 강세를 보이는 직업군이라고 한다.

한편 우리나라에서는 STEM에 A(Art)를 더해 STEAM 교육의 중요성을 부각시키고 있다.

도입 초기인 2012년 개발한 프로그램에는 특정 주제를 중심으로 과학, 공학, 수학, 예술 교과를 연계하는 데 초점을 두고 교과목 간 융합을 적극적으로 시도했다. 하지만 점차 특정 주제를 연결하는 부분이 매끄럽지 않다는 지적과 함께 실생활 문제에 중심을 둔 융합을 지향하고 있다. 교육에서도 '융합적 소양(STEAM Literacy)'을 강조한다. 이는 다양한 지식을 활용해서 문제까지도 해결하는 능력을 의미하며 교사들도 '융합'이라는 부분을 가장 고민하고 있다. 자세한 사항은 한국과학창의재단 홈페이지(https://steam.kofac.re.kr/)에 실려 있는 STEAM에 대한 설명을 참고하기 바란다.

4차 산업혁명 시기에는 학문의 경계가 무너지고, 이제까지의 지식으로는 상상할 수 없는 직업이 생길 것이다. 그렇기 때문에 적어도 중학교까지는 구체적인 직업을 선택하고 결정하라는 조언은 중요하지 않다. 대신 어문, 공학, 예체능, 상경의 4가지 계열 중에서 어느 방향성을 잡을지 관심을 가지고 여러 요인을 살펴봐야 한다.

셋째, 지식적인 부분과 함께 또 하나 중요한 것은 바로 끈기, 즉 참고 버티는 힘이다.

스탠퍼드 대학의 심리학자 월터 미셸은 1970년 스탠퍼드 대학 부설 유치원의 백인 중산층 가정 4세 아이 653명을 대상으로 저 유명한 '스탠퍼드 마시멜로 실험(Stanford Marshmallow Experiment)'를 실시했다. 아이들은 각자의 방에서 마시멜로를 하나씩 받는다. 그리고 15분간 먹지 않으면, 상으로 1개를 더 주겠다는 제안을 받는다. 실험에 참가한 아이들 중 3분의 1은 15분을 참지 못한 채 마시멜로를 먹어치웠고, 3분의 2는 끝까지 기다림으로써 보상을 받았다.

14년 후, 연구자들은 실험 대상이었던 아이들을 추적해보았다. 그랬더니 15분을 참았던 아이들, 즉 만족 지연(delayed gratification) 능력을 보인 아이들과 그러지 못했던 아이들 간의 SAT(미국의 수능 제도) 점수 차이가 210점이나 되었다. 당시 만족 지연 능력을 보인 아이들은 스트레스를 효과적으로 다룰 수 있는 정신력과 함께 사회성이 뛰어난 청소년으로 성장해 있었다. 반면 눈앞에 있는 마시멜로를 먹어치운 아이들은 비만, 약물 중독, 사회 부적응 등의 문제를 보였다.

여기서 만족 지연 능력이란 '장래의 더 큰 성과를 위해 자신의 충동과 감정을 통제하며 눈앞의 욕구를 참는 능력'을 말한다.

만족 지연 능력과 관련 있는 개념으로는 'GRIT'이 있다. GRIT는 미국 심리학자 안젤라 더크워스(Angela Duckworth)가 도입한 것으로 성장(Growth), 회복력(Resilience), 내적 동기(Intrinsic Motivation), 끈기(Tenacity)가 성공에 결정적 영향을 미친다는 개념이다. 쉽게 말하면 '목표를 향해 오랫동안 나아갈 수 있는 끈기'를 뜻한다.

10년 후에 기대되는 직업을 갖기 위해서는 단순히 어떤 직업을 찾는 것보다 앞으로 발전할 인재상과 그에 맞는 능력은 알아보되 무엇보다 기본적인 힘을 키우는 것이 필요하다. 그리고 이를 이루기 위해 당장 실천해야 할 일을 생각해보자. 무엇보다 폭넓은 독서와 관련 체험 활동 그리고 창의적 수학 실력을 길러야 한다. 이와 동시에 힘들 때 버티고 기다릴 줄 아는 품성을 키우는 것이 미래를 준비하는 진정한 공부가 아닐까?

4

P · TECH가
의미하는 것

'P · TECH(Pathways in Technology Early College High School)'는 2011년 뉴욕 브루클린에 설립한 정보기술전문학교로서 컴퓨터 전문 기업 IBM이 만든 혁신 학교다. 미국 최초의 6년제 학교이며 고등학교와 전문대 과정(9~14학년)을 통합했다. P · TECH에 입학한 학생은 고등학교 교육과 대학 교육을 함께 받으면서 기업이 제공하는 인턴십과 현장 체험 등의 실전 역량도 쌓을 수 있다. 4차 산업혁명 시대에는 뉴칼라(New Collar), 즉 디지털 혁명 시대에 필요한 컴퓨팅 능력을 갖춘 새로운 인재와 직종이 필요하다. P · TECH는 그런 필요조건을 충족시키고 있는 것으로 보인다.

P · TECH가 기존 교육 과정과 다른 점은 이론 교육과 함께 IBM 직원이 학생의 1:1 멘토로 활동하는가 하면, 필요에 따라 현장에 투입되

어 인턴십으로 활동하는 등 6년에 걸쳐 실무 위주의 교육을 받는다는 것이다.

아시아 지역에서는 싱가포르가 정부 차원에서 4차 산업혁명 시대에 필요한 스마트 네이션(Smart Nation) 준비에 열을 올리고 있다. 싱가포르의 난양 공과대학은 30년도 채 되지 않았지만 QS 세계대학평가(2017~2018)에서 아시아 1위, 세계 11위에 오르는 등 짧은 시간에 세계적인 대학으로 성장하고 있다. 이 대학은 토론과 실무 기술을 중시하는 수업 방식으로 유명하다. 특히 플립드 러닝(Flipped Learning: 온라인을 통해 개념을 미리 숙지하고 수업 시간에는 주로 토론과 질문 형식으로 진행하는 학습 시스템) 같은 수업 방식으로 시간의 효율성을 극대화하고 있다. 덕분에 이 대학과 기술 제휴를 맺은 글로벌 기업이 7000여 개나 된다.

우리나라의 경우는 카이스트에서 'EE Co-op' 인턴십 프로그램을 운영하고 있다. 카이스트 전기 및 전자 공학부 학사 과정 3~4학년 학생을 대상으로 전공 관련 기업에서 6개월간 현장 실습을 하는 교육 프로그램이다.

위에서 설명한 3가지 교육 시스템의 중요한 공통점은 대학에서 현장 실무와 기술을 중시하고 기업과 학교가 힘을 합쳐 4차 산업혁명 시대를 준비한다는 것이다. 다시 말해, 학벌 위주의 사회에서 점차 실무와 기능, 정신력과 끈기를 중시하는 사회로 변화하고 있다.

고학력자로서 이론만 알고 있는 경우는 현장에서 적응 능력이 떨어진다. 따라서 구체적인 실무를 겸비할 수 있는 프로그램을 통해 전문가를 키우는 게 매우 효과적인 교육 방식처럼 보인다.

여기서 구체적인 실무란 '일에 대한 지식'을 말한다. 요컨대 일에 대한 지식과 손끝에서 나오는 기능을 현장에서 중시하는 것이다.

우리는 진로에 대해 이야기할 때 흔히 직업을 언급한다. 하지만 4차 산업혁명 시대에는 구체적인 직업을 예측하기 어렵다. 따라서 직업이라는 개념보다는 그 직업을 구성하는 실무 개념, 즉 '일 또는 기능'에 대한 중요성을 생각해볼 필요가 있다.

직업과 일의 관계는?

직업은 특정한 몇 가지 일의 결합으로 만들어진다. 예를 들면 '텍스타일 디자이너'는 직물로 짜거나 인쇄할 패턴을 디자인한다. 이는 원단 고르기, 디자인하기, 염색하기, 그림 그리기, 운반하기, 홍보하기 등의 일로 구성되어 있다. '헤어 디자이너'는 머리카락 자르기, 염색하기, 파마하기, 모발 관리하기, 머리 감기기 등의 일을 한다. 이 두 직업에 공통적으로 등장하는 일은 '염색'이다.

반면 일은 여러 직업에 중복해서 사용할 수 있다. 집을 지을 때 사용하는 벽돌 같은 역할을 하기 때문이다. 벽돌을 어떻게 쌓느냐에 따라 집의 모양이 달라지듯 일을 어떻게 결합하느냐에 따라 다양한 직업이 생긴다. 염색에 소질이 있고 재미를 느끼는 학생이라면 텍스타일 디자이너나 헤어 디자이너가 될 수도 있다. 혹은 색깔에 대한 감각을 더욱 살릴 경우에는 지금까지 전혀 생각하지 못한 디자인 계통의 직업을 가질 수도 있다.

이렇듯 일 하나만 놓고 생각해도 다양한 직업이 꼬리를 물고 나온다. 직업은 바뀌어도 일은 바뀌지 않는다. 그 이유는 일이란 한 사람의 기술, 활동적 측면, 개인적 특성을 이루는 측면이 있기 때문이다. 반면 직업은 시대가 바뀌면 사라지기도 하고, 또 새로운 것이 만들어지기도 한다. 이처럼 학생 고유의 특성이나 개성에는 그 학생이 좋아하고, 흥미로워하고, 스스로 개발해나갈 수 있는 요소가 숨어 있다. 그것이 '일'이다. 그러므로 진로 · 진학을 지도할 때에는 무작정 직업부터 선택하라고 하기보다는 먼저 즐겁게 할 수 있고 잘할 수 있는 일을 고르도록 함으로써 일에 대한 정보를 제공하는 게 훨씬 더 바람직한 방법이다.

2016년 7월 세계경제포럼(WEF)은 '일자리의 미래(The Future of Jobs)'란 보고서에서 인공지능 기술 등이 주도할 4차 산업혁명으로 인해 직업군과 개념 규정이 근본적으로 달라질 것이라고 경고했다. 아울러 앞으로 5년 동안 4차 산업혁명으로 인해 총 710만 개의 일자리가 사라지는 반면, 로봇 관련 신규 기술이 새롭게 만들어낼 일자리는 200만 개에 불과할 것이라고 전망했다. 약 500만 개의 일자리가 없어지는 것이다. 게다가 앞서 설명한 미래 직업의 예를 보면 너무나 생소해서 어떻게 준비해야 할지 감조차 잡히지 않아 당황스럽기만 하다.

어떻게 미래의 직업을 준비할 것인가?

미래에는 구체적인 기술과 기본적 소양, 융합 능력이 필요하다. P·TECH, 난양 공과대학교, 카이스트의 경우와 같이 교육 과정도 진화하고 있다. '일' 속에 내재해 있는 구체적인 기술, 무엇이든 그 일을 할 수 있는 능력과 기능을 연마해두자. 그렇게 기본에 충실하면 시대와 상황에 따라 시장에 맞는 직업을 만들고 선택할 수 있다.

5

내게 맞는 진로를
찾기 위한 3가지 기준

수현이(가명)는 중학교 1학년부터 일찌감치 초등학교 교사로 자신의 꿈을 정해놓았다. 수현이가 연구소를 찾아와 상담한 시기는 고등학교 2학년이 끝난 겨울 방학 때였다. 고등학교 1학년 때 성적은 교대를 가기 어려운 상황이었는데 2학년에 올라와 열심히 공부한 결과 1학기 말에는 전교 2등까지 했다. 그런데 수현이는 자신이 열심히 공부해서 성적이 오른 것을 긍정적으로 바라보지 않았다. 아무리 성적을 올려도 1학년 때 너무 공부를 못해서 교대에는 들어가지 못할 것이라는 부정적 시각으로 자신을 규정해버린 것이다. 게다가 고등학교 1학년 때 생활기록부에 진로 희망으로 초등학교 교사를 써놓았으니 다른 길은 안 될 거라고 생각했다. 이런 상황 때문에 안타까운 일이지만 수현이는 어렵사리 향상시킨 성적을 유지하기가 쉽지 않았다. 실제로 수현이는 전교 2등의 성적을 2학년 2학기까지 유지하지 못한 채 고심하다 3학년이 되어서야 연구소를 방문한 터였다.

　나는 수현이에게 장래 진로를 초등학교 교사로 못 박지 말라고 조언했다. 자신이 열심히 공부하는 데 따라 결과는 얼마든지 달라질 수 있기 때문이다. 생활기록부에 기재되는 진로 희망은 다음 학년에 변경할 수도 있다. 단, 새로운 진로를 체험 및 독서 활동으로 보충하고 자기소개서를 쓸 때 그 부분을 충실하게 설명하면 된다고 격려해주었다. 여기서 요점은 진로를 최대한 폭넓게 보면서 공부에 대한 의욕을 일깨우고 하루에 공부할 양을 놓치지 않도록 구체적으로 지도하는 것이다.

　중·고등학교 시기에는 누구나 진로 희망이 충분히 변할 수 있다. 다만 그런 과정에서 동기 부여를 어떻게 받느냐에 따라 아이들에겐 큰 차이가 있다. 아이들의 진로에 대해 이야기하는 게 정말 어려운 이유는 여기에 있다.

　수현이는 자신의 진로를 정할 때 어떤 점을 놓친 것일까? 나는 수현이에게 왜 초등학교 선생님이 되고 싶었는지 물었다. 수현이는 막연히 좋아 보이고 안정적인 것처럼 느껴져서 초등학교 교사를 희망했다고 대답했다. 사실 대부분의 학생이 이처럼 막연한 사회적 통념을 갖고 진로를 정하며, 이 때문에 수현이처럼 진로 확정 시기를 미묘하게 놓친다. 다음은 자신의 진로를 정하는 기준이다.

진로를 정하는 3가지 기준

진로를 선택할 때 자기 자신에게 물어봐야 할 3가지 질문이 있다. 첫째, 내가 좋아하는 일인가? 좋아하는 일이어야 열정이 생기는 것은 당연하다. 열정 없는 분야에서 성공할 수 있는 사람은 없다. 프랭클린은 "인생은 시간 그 자체"라고 말했다. 인생에서 가장 많은 시간을 쏟는 대상은 다름 아닌 '일'이다.

둘째, 내가 잘하는 일인가? 사람들에겐 저마다 자신이 잘하는 일이 있다. 자신이 남들과 달리 무엇을 잘할 수 있는지 찾아야 한다.

셋째, 직업을 구할 수 있는 일인가? 화폐로 보상해주는 경제 시스템은 물물교환을 하던 시대와 달리 점점 더 다양한 재능을 중시하는 쪽으로 변하고 있다. 요컨대 남들보다 잘하는 일이 곧 경제 활동을 할 수 있는 직업으로 연결될 수도 있다. 당구 마니아나 컴퓨터 게임광이 직업으로도 가능한 시대다.

진로 지도에서 주의할 점: 수현이의 사례

다시 수현이 이야기로 돌아가보자. 교육 현장에서 진로 지도를 할 때는 위에서 말한 일반적인 3가지 질문, 곧 좋아하는 일인지, 잘하는 일인지, 직업을 구할 수 있는지를 정확하게 적용하기 어렵다. 아이들은 자신이 무엇을 좋아하고 잘하는지 잘 모른다. 특히 초등학교, 중학교 때 뚜렷하게 자신의 희망을 이야기하는 것은 결코 쉽지 않은 일이다. 수현이가 초등학교 교사를 자신이 좋아하고 잘하는 일일 거라고 생각한 것은 매우 자연스러운 현상이다. 그런데 이러한 수현이의 진로 또는 행보는 왜, 어디서부터 힘들어지기 시작한 걸까?

첫째, 수현이는 자신의 진로에 대해 너무 단정적으로 생각했다. 교사라는 직업은 초등학교를 비롯해 유치원, 중등학교, 대학교까지 폭이 매우 넓다. 범위를 좀 더 넓히면 교사뿐만 아니라 교육 행정직, 학원 강사, 상담가 또는 한국교육개발원 등에서 교육 평가나 자료 제작 등을 할 수도 있다. 심지어 학원을 직접 경영할 수도 있다. 교사는 그중 일부에 속한다. 그런데 수현이는 중학교 때 너무 좁은 범위로 진로를 한정 지었다.

둘째, 자신의 진로에 대해 충분히 구체적으로 준비했는지 의문스럽다. 초등학교 교사를 하기 위해서는 교육대학교(교대)를 가야 한다. 교대에 수시 전형으로 입학하기 위해서는 국·영·수뿐만 아니라 모든 교과목 성적을 고려해야 하고 그 평균점도 꽤 높아야 한다. 정시 전형으로 준비한다 해도 대학수학능력시험의 성적이 매우 높아야 한다. 따라서 수현이가 중학교 때 초등학교 교사를 원했다면 일단 고등학교 1학년부터 중간고사와 기말고사 시험에서 매우 높은 성적을 유지하려고 노력했어야 한다. 수현이는 고등학교 2학년 1학기에 전교 2 등을 할 정도로 열심히 공부했다. 하지만 그 이전에는 구체적인 계획을 세워 공부하지 못한 듯하다. 그랬다면 고등학교 1학년 때 성적이 좀 더 만족스럽게 나왔을 테니 말이다. 요컨대 수현이는 자신의 계획을 구체적으로 세우지 못한 채 막연히 진로를 정한 것처럼 보인다. 따라서 자신의 진로에 대해 철저하게 구체적으로 대비하는 것이 필요하다.

셋째, 수현이가 고등학교 2학년 1학기 때 전교 2등을 한 후 안타깝게도 그 성적을 유지할 수 있게끔 주변에서, 즉 교사나 부모가 충분한 도움을 주지 못한 듯하다. 그 정도 성적을 올리기까지 수현이가 한 노력을 칭찬하고 학습 동기를 충분히 부여해주었어야 한다. 진로 희망을 수정하고 자기소개서에 그 내용을 기재하면 충분히 설득력이 있을 수 있다. 그런데 수현이는 그 시기를 놓쳤다. 그런 상태에서 2학년 2학기에 1학기의 성적을 유지하지 못한 채 3학년이 되어버린 것이다. 이렇게 시기를 놓치면 공부 의욕을 되살리기가 매우 어렵다.

인생에는 타이밍이 중요하다는 말이 있다. 특히 아이들의 성장 시기에는 시기적절한 조언과 상담이 중요하다.

초·중·고등학교 시기의 진로 지도는 좋아하고 잘하는 일인지, 직업으로 정할 수 있는 일인지를 기본적으로 참고해야 한다. 아울러 너무 좁은 시야에 갇히거나 단정적으로 판단하지 말아야 한다. 진로는 대학생이 되어서도 정확하게 단정 지을 수 없다.

'대2병'이란 말이 있다. 요컨대 초·중·고등학교까지 쉼 없이 달려와 대학 새내기일 때 낭만을 누리다가 문득 2학년이 되면 어려워지는 전공 과목이 자신의 적성에 맞지 않고, 성인으로서 책임감과 취직 문제 같은 삶에 대한 고민과 두려움이 많아지는 시기다. 이때 상당히 많은 대학생이 전과나 편입, 반수 등을 고민한다. 학점과 스펙 문제가 좀 더 현실적으로 다가와 마음이 다급해진다. 하지만 막상 할 줄 아는 건 아무것도 없다는 자괴감에 자존감마저 떨어지는 현실에 괴로워한다.

이렇게 진로 문제는 대학생이 되어서도, 또는 직장 생활을 하면서도 현재 진행형일 수 있다. 나에게 맞는 진로를 찾는다는 것은 자신이 어떤 사람인지 아는 철학적 문제와도 연결되므로 결코 간단한 문제가 아니다. 자신에 대해 알고 싶다는 마음이 강해야 하고 자신에게 끝없이 질문을 던져야 한다. 자신에 대해 알아야 자신이 무엇을 좋아하고 잘하는지 또 가치관은 무엇인지 판단할 수 있다. 이렇게 나를 알아가는 과정에서 나에게 맞는 진로 또한 찾을 수 있다.

따라서 진로를 바라보는 마음이 항상 열려 있어야 한다.

6

미래가 기대되는
빅 픽처를 그려라

아주 무더운 어느 날, 기술자들이 철로 위에서 땀을 쏟으며 작업하고 있었다. 그때 저 멀리에서 기차가 다가와 그들은 잠시 작업을 중단해야 했다. 잠시 후 기차가 멈추더니 창문이 열리고 친근한 목소리가 들려왔다.

"자네, 데이브(Dave) 아닌가?"

데이브 앤더슨은 깜짝 놀라며 아는 체를 했다.

"오, 짐(Jim)이군. 오랜만이네. 정말 반가워."

두 사람은 기쁘게 인사를 나눈 뒤 얼마간 대화를 나누었다. 이윽고 기차는 다시 떠나갔다. 함께 일하던 기술자들은 데이브가 사장인 짐 머피와 친구라는 사실에 깜짝 놀랐다. 데이브는 짐이 23년 전 같은 날 철도 회사에 들어온 입사 동기라고 설명했다. 그러자 누군가 농담 반 진담 반으로 물었다.

"자네는 이 더운 날 바깥에서 일하는데, 어떻게 동기인 짐은 사장이 됐지?"

데이브가 대답했다.

"23년 전의 나는 시급 1.75달러를 받기 위해 일을 했다네. 하지만 짐 머피는 철도 회사를 위해 일했지."

전옥표 씨의 《빅 픽처를 그려라》에서 소개한 일화다.

요컨대 데이브는 당장의 시급 1.75달러만 생각하며 일한 반면 입사 동기인 짐 머피는 큰 그림을 그렸다는 얘기다. 짐처럼 회사를 위해 일하는 것은 오너가 아니라면 결코 쉽지 않다.

'빅 픽처'라고 하면 흔히 가슴을 뛰게 하는 큰 꿈을 말한다. 나는 여기에 한 가지를 덧붙이고 싶다. 이를테면 단순히 사회적으로 성공하고 돈을 많이 버는 것 외에 공익과 명분을 '빅 픽처'에 포함시키는 것이다. 그러한 명분을 우리는 보통 '존재 이유'라고 표현한다.

짐 머피가 철도 회사를 위해 일했다는 것은 단순히 개인적 성공을 위해 일했다는 의미가 아니다. 거기엔 사회에 이바지하는 철도의 공익성을 생각하고 거기에 한 축을 담당하겠다는 마음가짐이 분명 있었을 것이다. 이것이 바로 짐 머피의 현재를 만들었다고 나는 생각한다.

'제3의 심리학'이라고 부르는 인본주의 심리학의 대표 인물 에이브러햄 매슬로(Abraham H. Maslow)는 자기실현(self-actualization)을 '개인이 잠재력으로 지니고 있는 것을 충분히 발하려는 경향'이라고 정의했다.

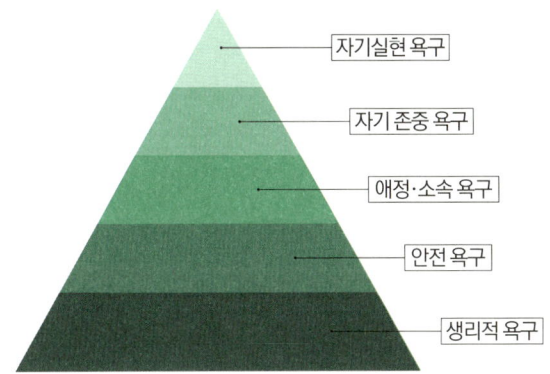

가장 높은 단계에 위치한 자기실현 욕구는 자신이 지니고 있는 잠재 능력을 충분히 발휘하고 인생의 의미와 목표를 성취하고자 하는 욕구를 말한다. 빅 픽처에는 이런 자기실현 욕구가 포함되어 있다. 빅 피처는 그러한 욕구를 계속 생각하면서 생활하면 자기실현 욕구에 자극을 받고, 그에 따라 더욱더 노력을 경주하는 원리다. 따라서 빅 픽처란 우리가 이 세상에 왜 존재하는지에 대한 각자의 답이 될 수도 있다. 즉 자신이 어떤 사람인지 찾아가는 길이 될 수도 있다.

그런데 빅 픽처를 그리는 데에만 그치면 몽상가에 머무른다. 저 멀리 높은 곳에 빅 픽처가 있으면 지금 바로 이 순간 "그래서 무엇을 해야 하지?"라는 물음에 대한 답이 있어야 한다.

법륜 스님은 학창 시절을 회고하면서 매일 공부하다가 잠들어버리는 자신을 경계하기 위해 과학자가 되고 싶다는 빅 픽처를 그려놓고 책상 앞에 이런 글을 써 붙였다고 한다.

"아랫목에 발을 넣지 말자."

이처럼 실천할 수 있는 부분에 집중하는 것이 무엇보다 필요하다.

자신의 빅 픽처를 완성하기 위해 지금 해야 할 일

중학교 2학년인 수영이(가명)에게는 지금의 학교 제도를 바꿔보고 싶다는 빅 픽처가 있다. 수영이는 학교의 불합리한 점에 불평만 하는 아이들이 마음에 들지 않는다고 이야기한 적이 있다. 학교를 변화시키려면 여러 가지 방법이 있다. 교육 행정가가 되는 방법도 있고, 로스쿨에 진학해 교육 관련법을 개정하는 데 관여할 수도 있다.

수영이의 빅 픽처는 우리나라 학교 시스템을 바꿔보는 것인데, 그 꿈을 생각으로만 갖고 있으면 현실적으로 변할 수 있는 게 아무것도 없다. 지금 현재에 충실해야 한다. 그래서 학생들에게 진로에 대한 이야기를 충분히 하고, 꿈을 이룬 자신의 모습을 상상하도록 하면 아이들은 스스로 알아낸다. 그 꿈을 이루기 위해 지금 어떤 노력을 해야 하는지 말이다. 중학교 2학년인 수영이도 지혜롭게 어떻게 해야 하는지 알아냈다. 그리고 이렇게 말했다.

"선생님, 그러면 이번 시험공부를 당장 어떻게 준비해야 할까요?"

난 어찌 보면 당연한 이야기를 해준다.

"오늘 배운 것은 오늘 공부하면 돼. 밀린 게 있어도 일단 오늘 것부터."

이렇게 일단 오늘 것부터 시작하면 공부할 의욕이 생기고, 그날 공부할 양이 밀리지 않도록 자율적으로 해나갈 수 있다. 그렇게 하다 보면 주말에 시간 여유가 있을 때 자신이 미처 하지 못한 분량을 보충해 모든 내용을 자기 것으로 만들고 싶은 의욕이 생겨난다. 이렇게 한 걸음 한 걸음 차근차근 작은 성공을 경험하는 데서 공부 재미를 느껴야 한다. 공부에는 왕도가 없다. 공부뿐 아니라 다른 어떤 일도 성공에는 왕도는 없는 듯하다.

학습된 무기력 실험 1

긍정심리학자로 알려진 마틴 셀리그먼(Martin Seligman)은 1975년 24마리의 개를 세 집단으로 나누어 상자에 넣고 각각 다른 방법으로 전기 충격을 주었다. 첫 번째 집단의 개에게는 코로 조작기를 누르면 전기 충격을 스스로 멈출 수 있는 환경을 제공했다. 그리고 두 번째 집단의 개에게는 코로 조작기를 눌러도 전기 충격을 피할 수 없고, 몸을 묶어 어떠한 대처도 통제 불가능한 환경을 제공했다. 마지막으로 세 번째 집단의 개들은 상자 안에 두되 전기 충격을 주지 않았다.

그렇게 24시간이 지난 뒤 셀리그먼은 가운데 담을 쌓고 그 담을 넘으면 전기 충격을 피할 수 있는 상자에 세 집단을 옮겨둔 상태에서 전기 충격을 다시 주었다.

그 결과는 어떻게 되었을까? 첫 번째 집단과 세 번째 집단은 모두 중앙의 벽을 넘어 전기 충격을 피했다. 그러나 두 번째 집단은 구석에 웅크리고 앉아 전기 충격을 그대로 받아들였다. 즉 두 번째 집단은 자신이 어떤 일을 해도 그 상황을 극복할 수 없다는 무기력을 학습한 것이다. 셀리그먼은 이를 '학습된 무기력'이라고 명명했다.

학습된 무기력 실험 2

이 실험을 인간에게 하면 어떤 결과가 나올까?

심리학자 도널드 히로토(Donald Hiroto)는 성인을 대상으로 전기 충격 대신 소음으로 같은 구조의 실험을 했다. 요컨대 통제 가능한 집단과 어떤 것을 해도 소음을 해결할 수 없는 집단, 그리고 아무런 소음도 주지 않는 집단으로 나누었다. 그 후 세 집단 모두에게 소음을 회피할 수 있는 환경을 만들자 두 번째 집단의 성인은 대부분 수동적으로 앉아서 불쾌하고 고통스러운 소음을 받아들였다.

이 실험에서 첫 번째 집단을 주목할 필요가 있다. 자신의 노력 여하에 따라 상황을 통제하는 경험을 쌓은 구성원은 과거의 몰입과 자신감을 기억하면서 문제 해결을 시도했다.

아이들이 일상에서 쌓는 성공 경험

학생들이 일상에서 거둘 수 있는 성공 경험은 여러 가지가 있다. 예를 들면 가족 여행을 갈 때는 아이한테 계획을 짜서 추진해보라고 하는 것도 좋다. 장기 여행이 무리라면 하루 여행 코스를 짜도 좋다. 몸무게를 어느 정도까지 유지하고 싶다는 계획을 세우고 이를 실천하는 것도 무척 큰 성공 경험이 될 수 있다. 물론 실패할 확률도 있으니 조심해야 한다.

이런 측면에서 보면 학교에서 배운 것이 쌓이지 않도록 그날 안에 공부해서 매일 성공 경험을 쌓는 것이 다른 일에 비해 오히려 손쉬워 보인다. 학교나 학원 선생님의 강의를 자신의 것으로 완전히 숙지하고, 해당 문제를 풀고, 자신이 공부한 것을 체크하는 것까지를 일차적인 성공으로 본다. 이렇게 하면 하루에도 여러 번씩 성공을 경험할 수 있다. 이런 경험이 쌓이면 자신감이 상승하고 공부에 재미를 느끼게 될 것이다.

자신만의 빅 픽처는 소명 의식, 자아실현의 큰 꿈이 담겨 있어야 한다. 그리고 그 큰 꿈을 이루어나가기 위해서는 많은 성공 경험을 쌓으며 조금씩 한 발 한 발 나아가면서 집중하는 습관을 갖는 것부터 실천해야 한다. 그것이 곧 인생을 살아가는 데 중요한 성공 비밀이다. 이것을 굳이 '비밀'이라고 하는 이유는 사람은 무엇인가 특별한 게 있을 것이라는 기대를 하는 경우가 많기 때문이다. 그래서 나는 아이들에게 이렇게 말하기도 한다.

"'네 꿈을 이루기 위해 할 수 있는 것'이 있는데, 이건 비밀이기도 하고 준비된 사람에게만 알려주는 거야. 어때 이야기해줄까?"

이렇게 말하면 아이들은 귀를 쫑긋하며 이야기해달라고 한다. 그렇게 마음으로 받아들일 준비가 되어 있을 때 이야기하자. 너만의 빅 픽처를 그려보라고. 하지만 그 그림을 그리려면 오늘 네가 무엇을 할지에 집중해야 한다고 말어다.

7

자기 표현력과
공감 능력을 키워라

학교에서는 3월 2일이 1년이 시작되는 날이다. 교실 문을 열면 일제히 나를 바라보는 눈망울이 있다. 교사인 동시에 학부모이기도 한 내게는 그 아이들 뒤에서 담임선생님은 어떤 분인지 궁금해하는 엄마들의 얼굴도 보인다. 내 경우 학년 초에는 두 아이가 '제발 좋은 담임선생님을 만났으면' 하는 마음으로 기도까지 했다.

그렇게 새로운 만남이 시작되고 인사를 하면 조금씩 아이들의 특징이 눈에 들어온다. 첫날이라고 마냥 감성적일 수만은 없는 노릇이다. 내일부터 당장 학교생활을 하려면 질서를 잡아야 하고 전달 사항도 많다. 무엇보다 청소 구역을 정하고 역할 분담을 해야 한다.

나는 일단 아이들의 자발적인 참여를 끌어내기 위해 칠판에 교실 청소 구역을 적는다. 이를테면 유리창을 닦을 사람, 교실 바닥을 쓸 사람, 책상과 의자를 나를 사람, 칠판 정리할 사람, 쓰레기 정리할 사람 등으로 나누는 것이다. 그런데 십중팔구 아이들이 싫어하는 것은 바로 쓰레기 정리다. 청소 시간에는 물론이고 아침이나 점심때도 쓰레기통 주변을 신경 써야 하므로 보통은 쉽게 나서는 학생이 없다.

▌교실 청소를 대하는 두 아이의 모습

그런데 어느 해인가는 아이들이 싫어할 만한 청소 구역 희망자를 받을 때마다 유독 "저요! 저요!"를 외치는 녀석이 있었다. 이름은 다인이(가명). 다인이는 어찌 보면 좀 산만할 정도로 모든 걸 자기가 하겠다고 나섰다. 활발하게 자기 의사를 밝히며 분위기를 밝게 만드는 아이였다.

반면 그 옆에 앉은 혜정이(가명)는 청소 구역을 다 정할 때까지 아무런 의사 표현도 하지 않았다. 검은 테 안경을 쓰고 조용히 선생님 얼굴을 쳐다보며 아무 말도 하지 않는 혜정이는 공부 잘하기로 유명한 아이였다.

결국 그해에 쓰레기통 정리는 다인이가 도맡다시피 했다. 다인이는 항상 즐겁게 자신이 맡은 일을 하고 아이들이 아무렇게나 던져놓은 것들을 깨끗하게 청소했다.

학교 다닐 때 우등생은 분명 혜정이였다. 하지만 앞으로 인생을 살아가는 데는 다인이도 결코 뒤지지 않을 거라고 나는 확신한다. 아니,

어쩌면 긴 인생길에서 좀 더 생명력 있는 삶을 살아낼 수 있을 것이라고 믿는다. 다인이는 자기 의사를 표현하는 능력과 청소를 매개로 친구들과 소통했다. 그리고 학기 동안 큰 탈 없이 책임을 다했다. 간혹 책임을 다하지 않는 학생이 이런 일을 맡으면 쓰레기통 주변이 항상 지저분한 상태로 있게 마련이다. 그러면 담임 입장에서는 아이들의 환경이 마음에 걸려 직접 쓰레기 치우는 일에 앞장설 수밖에 없다. 그러다 보면 아이들에게 해줄 우선순위가 바뀌고, 쓸데없는 잔소리가 늘어나 아이들과 사이가 나빠질 수도 있다.

기업에서 원하는 인재상

2016년 7월 28일, 온라인 취업 사이트 '사람인'은 367개 기업을 대상으로 인재상에 대한 키워드를 비교 분석한 결과를 발표했다.

그 결과 1위는 '책임감'(58퍼센트, 이하 복수 응답), 2위와 3위는 각각 '성실'(56.9퍼센트)과 '열정'(38.7퍼센트)이었다. 이 3가지 키워드는 2년간 이뤄진 과거의 동일한 조사에서도 지속적으로 최상위권을 유지했다. 예컨대 2014년도에는 '성실'(58.3퍼센트), '열정'(56퍼센트), '책임감'(50퍼센트), 2015년도에는 '성실'(62.4퍼센트), '책임감'(59.8퍼센트), '열정'(48퍼센트)이 1~3위를 차지했다. 경기 침체가 장기화할수록 위기 상황에서도 자기 책임을 다하는 인재를 선호하는 것으로 풀이된다.

〈사이언스 타임스(The Science Times)〉는 2017년 6월 14일 '사이버

혁명 시대, 기업에서 원하는 인재상은?'이라는 제목으로 글로벌 경쟁력이 강조되는 요즘은 창의적 인재를 중시한다고 보도했다. 기술만 습득한 사람이 아니라 인문적 통찰력, 사회적 실무 능력, 과학적 전문성, 예술적 창의력 등의 융합을 요구하고 있는 것이다.

실제로 인사 담당자를 대상으로 수행한 설문 조사에 따르면, 88퍼센트가 '보통 이상의 융합 교육이 필요하다'고 지적했다. 이들은 이러한 융합 교육이 창조적 전문 인력 확보와 조직 간 의사소통 차원에서 중요하다고 답했다.

이러한 시대적 요구에 따라 대학에서도 그에 맞는 인재를 육성하기 위해 노력하고 있다. 공학의 실용성을 바탕으로 인문 분야에서는 인문적 통찰력, 사회 분야에서는 사회적 실무 능력, 자연 분야에서는 과학적 전문성, 예능 분야에서는 예술적 창의력과 융합 프레임을 강조하고 있는 것이다.

세계적인 미래학자들은 한결같이 "가까운 미래에는 융합을 통해 지식이 생성되고 제품을 개발하는 시장 수요가 이뤄질 것"이라고 말한다. 따라서 기업은 이에 맞는 인재를 찾기 위한 노력을 지속할 테고, 교육은 이에 부응하는 프로그램 개발을 서두를 것이다.

그렇다면 사회에서 바라는 인재상은 인간성 좋고 자신의 전문 능력을 기본으로 갖추면서 융합과 소통을 잘하는 사람이다.

아이들에게 소통과 공감 능력을 키워주는 방법

앞에서 언급한 다인이와 혜정이의 경우를 살펴보자. 다인이는 당장은 학교 성적이 그리 뛰어나지 않지만 그 애만의 흥미와 적성을 찾아 그쪽에 필요한 만큼의 지식을 쌓도록 여러 가지 길을 찾아주면 된다. 혜정이의 경우는 공부 잘하는 우등생이긴 하지만 아쉽게도 자기 의사 표현 능력이나 여러 사람과 협동하면서 살아가는 공감 능력이 많이 필요하다. 그런데 이런 공감 능력은 어느 교과서에 나와 있는 것도 아니기 때문에 습득하는 데 어려움이 있다.

지식적인 부분은 자신의 적성과 흥미를 찾아 잠재력을 깨워주면 쌓을 수 있는 여지가 충분하지만, 자신을 표현하고 다른 사람과 좋고 슬픈 감정 등을 공감하는 능력은 어렸을 때부터 가정과 학교에서 자연스럽게 체득해야 한다. 시험 보듯이 외워서 함양할 수 있는 것이 결코 아니다. 그러니 아이들을 학교 시험 점수로만 평가하지 않도록 하자. 엄마가 자꾸 "넌 왜 80점밖에 못 받았니?"라고 평가하면 아이들은 자신에겐 성공일 수도 있는 80점이 매우 큰 실패로 각인되고 만다. 심지어는 이 때문에 엄마하고 거리를 두려고 한다.

자신은 결코 그렇게 말하지 않는다고 강변하는 부모가 있겠지만 아이들은 굳이 그런 이야기를 하지 않아도 다 안다. 우리가 조금만 관심을 가지면 아이들의 마음을 알 수 있는 것처럼 말이다.

미래의 창의적인 융합형 인재로 키우고 싶다면 가정 내에서 아이와 부모가 소통하는 연습을 해야 한다. 자신의 의견을 다른 사람과 소통할 때도 '스몰 스텝' 방식이 매우 요긴하다.

스몰 스텝을 활용한 자녀와의 대화

필자는《10분 몰입 공부법》에서 단순히 공부법뿐만 아니라 우리 일상에서 습관의 중요성을 언급하며 이러한 습관을 정착시키는 방법을 제시했다. 대화를 할 때에도 공부법에서처럼 스몰 스텝으로 작게 나누어 이야기해야 한다.

대화 1

"공부는 열심히 하면 돼."

"넌 분명히 훌륭한 사람이 될 거야."

"학교 가서 열심히 공부하고 와라."

"너 요즘 많이 예뻐진 것 같다~"

"방을 제대로 치웠니? 학교 갈 준비도 안 했잖아. 밥은 언제 먹을 거야?"

대화 2

"요즘 가장 관심 있는 과목이 뭐니?"

"담임선생님은 외부 활동을 얼마나 함께하시니?"

"오늘이나 이번 주까지 꼭 해야 할 일은 뭐야?"

"오늘 자른 앞머리가 아주 예쁘네~"

〈대화 1〉과 〈대화 2〉 중 어떤 방식이 더 이야기를 진행해나갈 가능성이 높을까. 명령형은 가능한 한 피해야 한다. 또 급한 마음에 너무 많은 것을 한꺼번에 이야기하면 대답하기 어려워 대화가 이어지기 힘들다. 아울러 예쁘면 구체적으로 어디가 예쁜지 진정한 관심을 보이면서 대화를 이끌어가야 한다.

대화에서도 스몰 스텝으로 구체적으로 이야기하면 소통이 원활해지는 것을 느낄 수 있을 것이다.

스몰 스텝의 원리는 이처럼 공부뿐 아니라 대화를 하는 스킬에도 적용할 수 있다. 대화는 소통과 공감의 중요한 창구 역할을 하기 때문에 매우 중요하다.

스몰 스텝을 통한 소통 연습을 가정에서부터 몸으로 익히도록 하자. 이 시대의 키워드는 소통이다.

8

'덕후'는 학위 없는
전문가이다

TV에서 〈능력자들〉이라는, '덕후'에 대한 프로그램을 보았다. 각 분야에 깊은 지식을 갖고 있어서 취미를 넘어 능력자가 된 이들을 뜻하는 '덕후'를 조명하는 프로그램이다.

'덕후'는 일본말 '오타쿠'의 한국식 발음인 '오덕후'에서 '오'가 탈락하며 탄생한 신조어다. 오타쿠는 원래 한 분야에 지나치게 미쳐 있는 사람을 의미하는 다소 부정적인 뜻이지만, 어떤 분야에 마니아 이상의 열정과 흥미를 갖고 있는 사람이라는 긍정적인 의미로도 쓰인다.

〈능력자들〉은 덕후를 새로운 지식인으로 살펴보는 관점에서 출발한다. 한 분야에 빠져 열정적으로 파고드는 사람을 보면 존경할 요소가 충분히 있다. "공부는 하지 않고 왜 그런 것에 관심을 갖느냐"는 식으로 인정받지 못하던 이들을 새로운 시각으로 바라본다. 이처럼 다른 사람들로부터 신선한 느낌을 받는 덕후의 기준을 프로그램 기획자는 이렇게 말한다.

"무엇보다 순수함을 기반으로 해야 한다. 그리고 왜 좋아하는지 철학도 분명하게 있어야 한다."

한 예로 2015년 11월 13일 방송된 프로그램에서는 버스에 흥미를 갖고 있는 덕후가 출연해 버스 덕후계의 하수, 중수, 고수의 기준을 밝혔다. 이를테면 "버스 노선과 차종을 외우는 건 하수"이고 "엔진 소리를 듣고 차종을 구분하거나, 버스 공부를 하기 위해 해외여행을 가는 건 중수"다. 그렇다면 고수는 어떨까? 그는 버스를 너무나 사랑한 나머지 선진국의 버스를 배우고 싶어 가족을 이끌고 독일로 이민을 갔다. 그뿐만 아니라 한국 최초로 버스 인터넷 동호회를 설립하고 독일 버스 회사에 취직까지 했다. 정말이지 놀라운 일이 아닐 수 없다.

덕후가 갖고 있는 지식과 학위 과정을 밟으면서 얻는 지식은 어떤 차이가 있을까?

앞서 언급했듯《장자》천도편에 등장하는 윤편은 조금 느슨하게 깎으면 수레바퀴가 헐렁해지고 빡빡하게 깎으면 축이 들어가지 않아 쓸 수 없으니 적당히 제대로 깎는 게 자신의 손에서 일어나는 고유한 감각과 기능이라고 말한다. 그러면서 고유한 감각과 기능이 없는 이론적이기만 한 학문을 '조백(糟魄)', 즉 술 찌꺼기로 비유한다. 그렇다면 어디에 집중해야 할까? 느슨하게 깎아도 안 되고 빡빡하게 깎아도 안 되고 적당하게 깎으려면 오직 고유하게 자기에게만 갖춰진 손끝에서 나오는 감각의 완성도에 집중해야 한다. 이 세계에서 우리가 발을 딛고 있을 곳은 현실이고 감각이다. 우리가 보통 학위 공부를 하는 것은 이론에 가까운 것처럼 보인다. 애써 배운 이론을 현실 감각에 적용하지 못하면 그것이 바로 '조백'이다.

그렇다면 우리 자녀를 '조백'에 취한 빈껍데기 이론가로 학위를 취득하는 데에만 시간을 보내게 할 수는 없다. 또한 이전 세대에 만들어 놓은 진리의 테두리를 무시한 채 현재의 감각에만 충실하도록 내버려둘 수도 없다. 우리 아이들이 이론의 허구성과 감각의 순간성이라는 한계를 인식하고 현실에 두 발을 디딘 채 새로운 이론을 만들어가는 생명력 있는 어른으로 성장하는 데 도움이 되었으면 좋겠다.

여기서 내가 '도움이 되었으면 좋겠다'고 한 이유는 이 모든 것을 내가 마음먹은 대로 해야 한다고 집착해서는 안 된다는 것을 나 자신에게 다짐하기 위해서다.

부모는 자녀에게 도움을 주는 사람이다. 그런데 그 도움을 받느냐 받지 않느냐는 아이들 몫이다. 내 도움과 아이의 의지가 동시에 작용해야 진정한 변화가 일어날 수 있다. 그러나 부모는 변화가 일어나지 않는 것도 받아들여야 한다. 그건 부모인 우리 몫이기도 하다. 이 책에서 나는 아이들에 대한 진로, 공부, 교육의 전반적 개념을 모든 부모와 공유하고자 했다. 그러니 우리가 할 수 있는 만큼 모든 것을 해보자.

9

눈부신 미래로 가는
진로 전략 5단계

네이버 용어사전을 보면 '전략'의 뜻은 어떤 목표에 도달하기 위한 최적의 방법을 뜻하는데, 비슷한 용어인 '전술'은 전략의 하부 단계로서 더 구체적인 방법을 말한다. 따라서 전술보다 상위 단계인 좀 더 넓은 개념인 전략은 어떤 목표에 도달하기 위한 체계적인 아웃트라인이라고도 할 수 있다.

그렇다면 자신의 미래 진로 전략을 5단계로 나누어보자.

1단계, 자기 자신을 알자.

나는 앞서 진로를 찾기 위해서는 흥미, 적성, 가치관을 기준으로 삼아야 한다고 거듭 강조했다. 따라서 진로 전략을 짤 때는 이 3가지 기준을 갖고 자신의 흥미, 적성, 가치관이 어떤지 알아야 한다. 요컨대 바로 자신의 특성을 아는 단계다.

이 단계는 가장 기본적이면서도 중요하다. 자기 자신을 알면 그 안에서 흥미, 적성, 가치관 등을 파악할 수 있다. 어린 시절부터 축적해온 여러 가지 경험, 무슨 이유에서인지 모르지만 문득문득 떠오르는 생각, 주변과 상호 작용하면서 느끼는 나의 모습, 그리고 주변에서 말해주는 나의 흥미 · 적성 · 가치관 등을 알아가는 것이 중요하다.

2단계, 내 현재 능력과 자질은 어느 위치에 있는지 돌아보자.

이는 1단계인 '나 자신 바로 알기'를 실천하면 자연스럽게 알 수 있다. 현재 자신의 능력과 자질이 어느 위치에 있는지 돌아보는 것은 바로 '나 자신 바로 알기'의 연장선이다.

3단계, 내 진로에는 어떤 것이 있는지 파악하자.

이는 진로에 대한 지식적 측면을 말한다. 진로와 관련한 무궁무진한 정보를 인터넷이나 지인, 전문가 등을 통해 찾고 그중에서 나에게 필요한 것을 골라내는 것이 중요하다.

4단계, 나 자신에게 맞는 진로에 들어서기 위한 방법을 모색하자.

가장 좋은 방법은 내 진로 분야에서 성공한 사람에게 조언을 구하는 것이다. 신문이나 인터넷 또는 강의, 책 등을 통해 방법을 모색할 수도 있다.

5단계, 지금 당장 어떻게 실천할 수 있는지 알아보자.

사실 가장 중요한 단계다. 자신의 미래를 고민만 하다가 현재를 놓치고 있지는 않는지 조심해야 한다. 알아보고 계획만 세우다가 끝나서는 안 된다. 지금 당장 할 수 있는 것에 집중하자는 얘기다.

10

미래 일기를
써라

초등학교 때 일기 숙제를 안 해본 사람은 거의 없을 것이다. 하루하루
가 왜 그리 빨리 지나가고 일기는 왜 그리도 쓰기 싫었던지. 그땐 숙제
같아서 싫기만 했는데 나는 얼마 전 새삼스레 일기 쓰는 것에 도전했
고, 주위에도 일기를 써보라고 많이 권하고 있다. 일기란 '날마다 그날
그날 겪은 일이나 생각, 느낌 따위를 적는 개인의 기록'이다.

초등학교 때 일기 쓰는 것을 그렇게 강조하는 데는 여러 가지 이유
가 있다.

먼저 '오늘을 어떻게 보냈는지' 자신의 일상을 정리해보라는 것이
다. 그러면서 자연스럽게 자신의 생각을 성찰하는 시간을 가질 수 있
기 때문이다.

또한 쓰는 행위 자체가 자신의 생각을 명료화하는 연습이기도 하다.

세계적인 성공학의 대가 브라이언 트레이시(Brian Tracy)는 무일푼에서 연매출 3000만 달러의 인력 개발 업체를 일군 실전형 기업인이다. 그가 거친 직업만 세일즈, 마케팅, 투자, 부동산 개발, 경영 컨설팅 등 22가지에 달했다. 북미강연자협회(NSA) '명예의 전당'에 이름을 올렸고, 2001년엔 독일에서 '최고의 강연자'로 선정되기도 했다. 현재 인력 개발 회사 '브라이언 트레이시 인터내셔널'의 회장이며《백만 불짜리 습관》,《세일즈 슈퍼스타》,《크런치 포인트》등 42권의 책을 쓰기도 했다. 그의 성공 비법을 담은 책들은 25개 언어로 번역돼 52개국에서 팔려나갔다. 그런 그가 2017년 4월 4일 우리나라를 방문해 코엑스에서 강연을 한 적이 있다. 꼭 듣고 싶었던 강연이라 모든 일정을 취소하고 참석했다. 브라이언이 강연을 통해 시종일관 강조한 것이 몇 가지 있는데 그중에서 가장 기억에 남는 얘기는 "반드시 메모를 하라"는 것이었다. 그것도 손으로 직접 써야 한다고 했다. 강연이 끝날 때쯤에도 "잉크 값만 있으면 반드시 성공할 수 있다"면서 다시 한 번 쓰기의 중요성을 강조했다.

그런 의미에서 일기를 쓴다는 것은 중요한 메모 습관이다.

'자신의 생각, 일, 느낌 등을 적는' 일기는 곧 성공으로 가는 첫걸음이기도 하다.

일기를 통해 자신의 생각을 정리하는 것은 아무리 강조해도 지나치지 않는데, 구체적인 사례를 통해 이에 대해 생각해보자.

중학교 1학년인 은지(가명)는 작가가 꿈이다. 평소 글쓰기를 좋아해서 단편소설을 완성하기도 했다. 교내 논술 대회에서 상을 받기도 했고 책 읽는 것도 좋아한다. 작가가 되고 싶은 꿈이 확고하기 때문에 국어 시간도 좋고, 국어 선생님과도 자주 이야기를 나눈다. 이처럼 은지는 글 쓰는 일에 흥미를 갖고 학교생활도 전반적으로 즐겁게 했다.

나는 '1만 시간의 법칙'을 적용해 은지에게 10년 후의 자기 모습에 대한 '미래 일기'를 써보라고 권했다. 중학교 1학년인 은지는 10년 후 대학을 졸업한다. 은지는 소설이나 시보다 방송작가가 되고 싶은 마음이 컸다. 그래서 신문방송학과를 졸업한다. 이런 식으로 자신의 모습을 상상하면서 일기를 써보도록 한 것이다.

"오늘은 신방과 동기들과 졸업 파티를 했다. 그중에는 ㅇㅇ방송국에 입사한 친구도 있고 ㅇㅇ신문사에 기자로 취직한 친구도 있다. 나도 ㅇㅇ방송국에 입사해 열흘 후에는 워크숍을 간다."

이렇게 은지는 자신의 미래 모습을 생생하게 시각화했다.

'R=VD'라는 꿈의 공식을 들어본 적이 있는가? 20세기 미국의 과학자 알렉산더 그레이엄 벨(Alexander Graham Bell)은 이 공식을 '무의식적 사고의 힘'이라 불렀고, 세계적 화장품 회사 에스테 로더(Estee Lauder)의 사장 에스테 로더는 '시각화의 힘'이라고 말했다.

"생생하게(Vivid) 꿈꾸면(Dream) 이루어진다(Realization)!"

그러니 자신이 계획한 것을 꼭 이루고 싶다면 생생하게 구체적으로 상상하라. 그러면 반드시 이루어질 것이다.

유발 하라리는 ≪사피엔스≫에서 다음과 같이 말했다.

"이제 사회는 끊임없이 변화하는 상태로 존재한다. 현대의 혁명이라고 하면 우리는 1789년(프랑스혁명), 1848년(유럽민주화혁명), 혹은 1917년(러시아혁명)을 생각하는 경향이 있지만, 정확히 말하자면 오늘날은 모든 해가 혁명이다."

다시 말해, 인류의 긴 역사 전체와 맞먹는 혁명적 변화가 매년 일어나고 있다는 얘기다. 그런 시대에 살아갈 우리 아이들은 작지만 확실한 행복을 추구하는 소확행(小確幸: 1970~1980년대 버블 경제 붕괴로 경제가 침체하면서 힘들게 지낸 경험을 토대로, 소소한 행복을 추구하는 심리가 담긴 용어) 소비를 하고, 사람을 대하지 않고 업무를 하는 언택트(Untact: 사람과 사람 사이의 만남을 대체하는 기술이 생활 속에서 확산되는 현상) 기술 사회에 이미 발을 들여놓고 있다.

아울러 WLB(Work Life Balance: 일과 삶의 균형)를 추구하는 매력 자본(Erotic Capital: 외모, 활력, 스타일, 인간관계 등 매력이 자본의 역할을 한다는 의미)의 시대에 아이들이 과연 어떻게 살아갈지는 진로에 대한 논의를 더욱 무겁게 한다.

따라서 시대 흐름에 관심을 갖고 아이들이 지금 당장 가능한 것에 집중하도록 넓은 의미의 환경을 마련해주는 게 부모로서 우리가 할 수 있는 최선의 일이라는 것을 다시 한 번 강조하고 싶다.

과학 선생님이 알려주는 과학 공부 노하우

다음은 초등학교부터 중·고등학교까지 과학 과정이 어떻게 연계되는지 알아보기 위해 2015년 9월 23일(2015·74호)에 고시된 교육부 자료 내용을 발췌한 내용입니다.

과학 분야	영역	핵심 개념	일반화된 지식	내용 요소		
				초등학교		중학교
				3~4학년	5~6학년	1~3학년
물리	힘과 운동	시공간과 운동	물체의 운동 변화는 뉴턴 법칙으로 설명		속력 속력과 안전	등속 운동 자유낙하 운동
		힘	물체 사이에는 여러 가지 힘이 존재한다.	무게 수평 잡기 용수철저울 원리		
		역학적 에너지	마찰이 없는 세계에서는 역학적 에너지가 보존된다.			• 중력에 의한 위치에너지 • 운동에너지 • 역학적 에너지 보존
	전기와 자기	전기	두 전하 사이에 작용하는 전기력			• 전기력 • 원자 모형 • 대전 • 정전기유도
			전기 회로에는 기전력에 의한 전류가 형성된다.		전기 회로 전기 절약 전기 안전	• 전기 회로 • 전압 • 전류 • 저항

과학 분야	영역	핵심 개념	일반화된 지식	내용 요소		
				초등학교		중학교
				3~4학년	5~6학년	1~3학년
물리		자기	전류는 자기장을 형성한다.		• 전자석	• 자기장 • 전동기 • 발전
			물질은 자기적 성질에 따라 자성체와 비자성체로 구분된다.	자기력 자석의 성질		
	열과 에너지	열평형	서로 다른 온도의 물체가 접촉하면 온도가 같아진다.		• 온도 • 전도, 대류 • 단열	• 온도 • 열의 이동 방식 • 열평형
		열역학 법칙	에너지는 전환될 때 소모, 생성되지 않는다.			• 소비 전력
		에너지 전환	에너지는 다양한 형태로 존재하며 다른 형태로 전환될 수 있다			• 일 • 에너지 전환
	파동	파동의 종류	음파는 매질을 통해 전달되는 파동이다.	• 소리의 발생 • 소리의 세기 • 소리 높낮이 • 소리의 전달		• 횡파, 종파 • 진폭 • 진동수 • 파형
			빛을 비롯한 전자기파는 전자기 진동이 공간으로 퍼져나가는 파동이다.	• 빛의 직진 • 그림자		
		파동의 성질	파동은 반사, 굴절, 간섭, 회절의 성질을 가진다.	• 평면거울 • 빛의 반사	• 프리즘 • 빛의 굴절 • 볼록 렌즈	• 빛의 합성 • 빛의 삼원색 • 평면거울의 상

과학분야	영역	핵심개념	일반화된 지식	내용 요소		
				초등학교		중학교
				3~4학년	5~6학년	1~3학년
화학	물질의 변화	물질의 상태 변화	물질의 상태는 구성하는 입자의 운동에 따라 달라진다.			• 입자의 운동 • 기체의 압력 • 기체의 압력과 부피의 관계 • 기체의 온도와 부피의 관계
			물질은 온도와 압력에 따라 상태가 변화한다.	• 물의 상태 변화 • 증발 • 끓음 • 응결		• 3가지 상태와 입자 배열 • 상태 변화
			물질은 상태 변화 시 에너지 출입이 있다.			• 상태 변화와 열에너지 출입
		화학 반응	물질은 화학 반응을 통해 다른 물질로 변한다.		• 연소 현상 • 연소 조건 • 연소 생성물 • 소화 방법	• 물리 변화 • 화학 변화
			화학 반응에서 규칙성이 발견된다.			• 화학 반응식 • 질량 보존 법칙 • 일정 성분비 법칙 • 기체 반응 법칙
			화학과 우리 생활은 밀접한 관련이 있다.		• 화재 시 안전 대책	
		에너지 출입	물질의 변화에는 에너지 출입이 수반된다.			• 화학 반응에서의 에너지 출입

과학 분야	영역	핵심 개념	일반화된 지식	내용 요소		
				초등학교		중학교
				3~4학년	5~6학년	1~3학년
생명 과학	생명 과학과 인간의 생활	생명 공학 기술	생명공학 기술은 질병 치료, 식량 생산 등 인간의 삶에 기여한다.	• 모방 사례	• 세균의 이용 • 첨단, 생명 과학과 우리 생활	
	생물의 구조와 에너지	생명의 구성 단위	생명체는 세포로 구성되어 있다.		• 현미경 사용법 • 세포	
			세포는 세포막으로 둘러싸여 있고 포소 기관을 가진다.		• 팩 • 세포막 • 세포벽	• 생물의 구성 단계
		동물의 구조와 기능	뼈와 근육은 몸을 지탱하거나 움직이는 기능을 한다.		• 뼈와 근육의 구조와 기능	
			소화 기관을 통해 영양소를 흡수하고 배설 기관을 통해 노폐물을 배출한다.		• 소화, 순환, 호흡, 배설 기관의 구조와 기능	• 영양소 • 소화 효소 • 소화계, 배설계 구조와 기능
			호흡 기관과 순환 기관을 통해 산소와 이산화 탄소를 교환한다.		• 소화, 순환, 호흡, 배설 기관의 구조와 기능	• 순환계, 호흡계의 구조와 기능 • 소화, 순환, 호흡, 배설의 관계

과학 분야	영역	핵심 개념	일반화된 지식	내용 요소		
				초등학교		중학교
				3~4학년	5~6학년	1~3학년
생명 과학	생물의 구조와 에너지	식물의 구조와 기능	식물은 뿌리, 줄기, 잎으로 구성되어 있다.		• 뿌리, 줄기, 잎의 기능	
			뿌리에서 흡수된 물은 줄기를 통해 잎으로 이동한다.		• 증산 작용	• 물의 이동과 증산 작용
			잎에서 만들어진 양분은 줄기를 통해 식물체의 각 부분으로 이동하고 저장된다.			• 광합성 산물의 생성, 저장, 사용 과정
		광합성과 호흡	광합성을 통해 빛에너지가 화학에너지로 전환된다.		• 광합성	• 광합성에 필요한 물질 • 광합성 산물 • 광합성에 영향을 미치는 요인
			호흡을 통해 생명 활동에 필요한 에너지를 얻는다.			• 식물의 호흡과 광합성의 관계
	항상성과 몸의 조절	자극과 반응	감각 기관과 신경계의 작용으로 다양한 자극에 반응한다.		• 감각 기관의 종류와 역할 • 자극 전달 과정	• 눈, 귀, 코, 혀의 구조와 기능 • 피부 감각과 감각점 • 뉴런 신경계의 구조와 기능 • 중추 신경계 말초 신경계 • 자극에서 반응하기 까지의 경로
			내분비계와 신경계의 작용으로 항상성을 유지한다.			• 자극에 대한 반응에 관여하는 호로몬의 역할

과학 분야	영역	핵심 개념	일반화된 지식	내용 요소		
				초등학교		중학교
				3~4학년	5~6학년	1~3학년
생명 과학	생명의 연속성	생식	생물은 유성 생식 또는 무성 생식을 통해 종족을 유지한다.	• 동물의 한살이 • 완전, 불완전 탈바꿈 • 식물의 한살이 • 씨가 싹트는 조건	• 씨가 퍼지는 방법	• 생식 • 염색체 • 체세포 분열 • 생식세포 형성 과정
			다세포 생물은 배우자를 생성하고 수정과 발생 과정을 거쳐 개체를 만든다.	• 동물의 암수 • 동물의 암수 역할		• 동물의 발생 과정
		유전	생물의 형질은 유전 원리에 의해 자손에게 전달된다.			• 멘델 유전 실험의 의의 • 멘델 유전 원리
			생물의 형질은 유전자 저장 정보가 발현되어 나타난다.			• 사람의 유전 형질 • 가계도 조사 방법
		진화와 다양성	생물은 환경 변화에 적응해 진화한다.	• 다양한 환경에 사는 동물과 식물 • 동물과 식물의 생김새	• 균류, 원생생물, 세균의 특징과 사는 곳	• 생물 다양성의 중요성
			진화를 통해 다양한 생물이 출현한다.			• 변이
			다양한 생물은 분류 체계에 따라 분류한다.	• 특징에 따른 동물 분류 • 특징에 따른 식물 분류		• 생물 분류 목적과 방법 • 종의 개념과 분류 체계

과학 분야	영역	핵심 개념	일반화된 지식	내용 요소		
				초등학교		중학교
				3~4학년	5~6학년	1~3학년
생명과학	환경과 생태계	생태계와 상호 작용	생태계의 구성 요소는 서로 밀접한 관계를 맺고 있으며 서로 영향을 주고받는다.		• 생물 요소와 비생물 요소 • 환경 요인이 생물에 미치는 영향	
			생태계 내에서 물질은 순환하고, 에너지는 흐른다.		• 생태계의 구조와 기능 • 환경 오염이 생물에 미치는 영향 • 생태계 보전을 위한 노력 • 먹이사슬 • 먹이 그물 • 생태계 평형	
지구과학	고체 기구	지구계 역장	지구계는 자권, 수권, 기권, 생물권, 외권으로 구성되고, 각 권은 상호 작용한다.	• 지구의 환경		• 지구계의 구성 요소
			지구 내부의 구조와 상태는 지진파, 중력, 자기장 연구를 통해 알아낸다.			• 자권의 층상 구조 • 지각 • 맨틀 • 핵
		판 구조론	지구의 표면은 여러 개의 판으로 구성되어 있고 판의 경계에서 화산과 지진 등 다양한 지각 변동이 발생한다.	• 화산 활동 • 지진 • 지진 대처 방법		• 지진대 • 화산대 • 진도와 규모 • 판 • 베게너의 대륙 이동설

과학 분야	영역	핵심 개념	일반화된 지식	내용 요소		
				초등학교		중학교
				3~4학년	5~6학년	1~3학년
지구과학	고체 지구	지구 구성 물질	지각은 다양한 광물과 암석으로 구성되어 있고, 이 중 일부는 자원으로 활용된다.	• 풍화와 침식 • 화강암과 현무암 • 퇴적암		• 암석의 순환 • 풍화 작용 • 토양
		지구의 역사	지구의 역사는 지층의 기록을 통해 연구한다.	• 지층의 형성과 특성		
			지질 시대를 통해 지구의 환경과 생물은 끊임없이 변해왔다.	• 화석의 생성 • 과거 생물과 환경		
	대기와 해양	해수의 성질과 순환	수권은 해수와 담수로 구성되며, 수은과 염분 등에 따라 해수의 성질이 달라진다.	• 바다의 특징 • 물의 순환		• 수권 • 해수의 층상 구조 • 염분비 일정 법칙
			해수는 바람, 밀도 차이 등 다양한 요인에 의해 운동하고 순환한다.			• 우리나라 주변 해류 • 조석 현상
		대기의 운동과 순환	기권은 성층 구조를 이루고 있으며, 위도에 따른 열수지 차이로 인해 대기의 순환이 일어난다.			• 기권의 층상 구조 • 복사 평형 • 온실 효과 • 지구 온난화

과학 분야	영역	핵심 개념	일반화된 지식	내용 요소		
				초등학교		중학교
				3~4학년	5~6학년	1~3학년
지구과학	우주	태양계의 구성과 운동	태양계는 태양, 행성, 위성 등 다양한 천체로 구성되어 있다.	• 지구와 달 모양 • 지구의 대기 • 달의 환경	• 태양 • 태양계 행성 • 행성의 크기와 거리	• 지구와 달의 크기 • 지구형 행성과 목성형 행성 • 태양 활동
			태양계 천체들의 운동으로 인해 다양한 현상이 나타난다.		• 낮과 밤 • 계절별 별자리 • 달의 위상 • 태양 고도의 일변화	• 지구의 자전과 공전 • 달의 위상 변화 • 일식과 월식
		별의 특성과 진화	우주에는 수많은 별이 존재하며, 표면 온도, 밝기, 거리 등과 같은 물리량에 따라 분류된다.		• 별의 정의 • 북쪽 하늘 별자리	• 연주 시차 • 별의 등급 • 별의 표면 온도
		우주의 구조와 진화	우리 은하는 별, 성간 물질 등으로 구성된다.			• 우리 은하의 모양과 구성 천체
			우주는 다양한 은하로 구성되며 팽창하고 있다.			• 우주 팽창 • 우주 탐사의 성과와 의의

1 교육 과정의 양이 많아집니다.

중학교 1학년생에게 입학 후 어려운 과목이 무엇인지 물어보면 의외로 '과학'이라고 이야기하는 경우가 많습니다. 과학 용어가 어려워지고 초등학교 6학년까지에 비해 내용도 훨씬 많아지기 때문입니다. 2018학년도부터 고등학교에 입학하면 모든 학생이 과학탐구를 공통 과목으로 이수해야 합니다. 따라서 과학에 대한 관심이 더욱 커질 수밖에 없습니다.

2 교육 과정과 연계해서 과학 독서를 하세요.

과학에 대한 개념을 무조건 암기하려 하면 오히려 더 어렵게 느껴집니다. 학교에서 배우는 과학 교육 과정과 연결시켜서 관련 책을 읽도록 하세요. 여름 또는 겨울 방학을 이용해 이전 학기나 한 학기 후에 배울 내용과 관련한 책을 읽는 것도 좋은 방법입니다. 학기 중에 학교 교육 과정에서 배우는 내용을 맞춰 관련 책을 읽는 것 또한 중요합니다.

과학 용어가 어려워지는 것을 가장 힘들어하기 때문에 개념어 위주로 편집한 책들도 있어요. 그중《어린이를 위한 과학 개념어 100》(강다현·김현벽 글, 이케이북) 또는《과학 돋보기》(송은영 글, 이진선 그림, 계림북스)를 추천합니다.

다시 한 번 교육 과정에 맞춰 책을 읽는 것을 강조하고 싶습니다. 학교에서 배우는 내용과 관련한 책을 읽으면 자연스럽게 호기심이 생기고 반복의 효과도 따라오기 때문입니다. 이때 교육 과정의 내용을 맞춰 편집한 단행본을 찾는 것이 그리 쉽지는 않습니다. 따라서 교육 과정에 맞춰 물리, 화학, 생물, 지구과학을 분야를 다룬 전집류를 구입하거나 도서관에서 꾸준히 빌려서 읽으면 좋습니다.

🌶 과학 전집류 고르는 방법

1 전집류는 도서관이나 대형서점 그리고 인터넷 서점에서 선택할 수 있는데, 부모가 어느 정도 방향과 큰 틀을 정해놓고 결정은 아이가 하도록 하는 것이 중요합니다. 부모와 아이의 눈높이는 다르기 때문입니다.

2 도서관에서 실물을 보고 정하면 일주일에 한 번 정도 교육 과정에 맞는 책을 꾸준히 빌려 볼 수 있습니다. 만약 인터넷 서점에서 구입을 한다면 아이가 직접 로그인 해서 구입하도록 하세요. 아이에게 선택권을 주는 것이 중요합니다.

3 아이 자신이 선택하면 관심을 더 갖게 마련입니다. 부모 눈에 더 좋아 보이는 책이 있어도 자녀의 의견을 존중하는 것이 좋습니다.

🌶 주요 과학 전집류 및 잡지 17선

1 선생님도 놀란 과학 뒤집기 시리즈 성우주니어

기본편 총 40권, 심화편 총 50권으로, 현 과학 교육 과정의 난이도에 맞는 내용으로 구성. 심화편은 인터넷 강좌도 있습니다.

2 과학공화국(물리/화학/생물/지구과학) 법정 시리즈 자음과모음

물리, 화학, 생물, 지구과학을 각 10권으로 구성. 대화체로 편집해 아이의 성향에 따라 호불호가 갈릴 수 있습니다.

3 로빈슨 어드밴처 시리즈 뜨인돌

총 4권(로빈슨 따라잡기, 아마존 어드벤처, 버뮤다 어드벤처, 남극 어드벤처)으로 구성. 교과서 교육 과정을 따라가지는 않으나 일상에서 과학적 의문을 가지고 문제를 해결하는 탐구심을 기르는 데 도움을 줍니다.

4 신기한 스쿨버스 시리즈 비룡소

스쿨버스 시리즈 12권(물방울 여행, 땅 밑 세계, 인체 탐험, 태양계, 바닷속, 공룡 시대, 태풍, 꿀벌, 전기, 감각 기관, 아인슈타인, 지구 온난화)과 키즈 대상 30권, 과학탐험대 6권으로 구성. 프리즐 선생님과 스쿨버스를 타고 떠나는 과학 모험 여행 형식으로 기본적인 개념을 재미있게 설명합니다.

5 앗! 시리즈 주니어김영사

과학 분야 50권, 역사 분야 21권, 문화 예술 분야 13권, 스포츠 상식 분야 16권 등 총 100권으로 구성되어 있습니다.

6 Why? 와이 시리즈 과학 예림당

총 84권으로 과학 학습 만화. 교과 내용과 연계해 구성했습니다.

7 과학자가 들려주는 과학 이야기 자음과모음

총130권. 주제별로 세분화했기 때문에 기본 개념과 교육 과정을 연결시켜 읽기 편합니다.

8 초등학생을 위한 맨 처음 과학 1~5 휴먼어린이

총 5권(생활 속의 과학 원리, 물질 세계, 생명과 우주, 에너지의 정체, 대기와 물의 순환 원리)으로 구성되어 있습니다.

9 과학천재의 비법 노트 우리학교

총 3권(물리화학, 생물, 지구과학)으로 구성했으며, 중요한 개념과 필기 형식의 편집, 퀴즈도 실려 있습니다.

10 내일은 실험왕 미래엔아이세움

초등학생들의 신나는 실험 이야기를 통해 어려운 과학 원리와 용어를 쉽고 재미있게 전달하는 실험 대결 만화로 총 41권. 특히 책 속에서 다루는 과학 내용을 직접 실험해볼 수 있는 '실험 키트'를 통해, 단순한 이론 암기에 그치는 것이 아니라 높은 학습 성과를 눈으로 확인할 수 있습니다.

11 놓지 마! 과학 위즈덤하우스

인기 절정의 웹툰《놓지 마 정신줄!》의 작가들이 만든 과학 학습 만화로 총 6권. 생활 속에서 생기는 과학적 질문을 엉뚱하고도 기발한 전개를 통해 자연스럽게 풀어줍니다.

12 똑똑 융합과학씨 스콜라

총 7권(빛, 식물, 날씨, 물, 인체, 힘, 산과 염기)로 구성했습니다.

13 어린이 과학 동아 동아사이언스

초등 저학년 학생이 읽기에 좋은 과학 잡지입니다(격 주간 발행).

14 우등생과학 천재과학

초등 저학년 학생이 읽기에 좋은 과학 잡지입니다(월간 발행).

15 과학 동아 동아사이언스

초등 고학년부터 중학생이 읽기에 좋은 잡지입니다(월간 발행).

16 뉴턴 하이라이트 아이뉴턴

주제별로 과학적 개념과 최신 이론을 정리해놓은 단행본 형태의 잡지입니다.

17 뉴턴 아이뉴턴

최신 이론과 사진 자료가 좋은 잡지입니다(월간 발행).

🙂 초·중·고 과학 단원별 추천 도서

이제 구체적으로 초등학교 3~6학년, 중학교과정 그리고 2015 개정 교육 과정으로 새로 개편된 고등학교 1학년의 통합과학 과정에 따른 단원별 추천 도서를 소개하고자 합니다.

초등 3~4학년

분야	영역	핵심 개념	내용 요소	권장 도서
물리	힘과 운동	힘	• 무게 • 수평 잡기 • 용수철저울 원리	• 신기한 스쿨버스 키즈 10 홈런왕 랠프 비룡소 • 으랏차차 세상을 움직이는 힘 웅진주니어 • 내일은 실험왕 2 힘의 대결 미래엔아이세움 • 내일은 실험왕 34 무게와 균형 미래엔아이세움
	전기와 자기	자기	• 자기력 • 자석의 성질	• 슝 달리는 전자, 흐르는 전기 웅진주니어 • 불을 끄면 별이 떠요 잘 알고 잘 쓰는 전기 에너지, 지구 환경을 지켜요 상상의집 • 재미있는 과학여행: 자기력선의 비밀 스완미디어 • 내일은 실험왕 31 자석과 전류 미래엔아이세움
	파동	파동의 종류	• 소리의 발생 • 소리의 세기 • 소리의 높낮이 • 소리의 전달	• 신기한 스쿨버스 키즈 6 유령박물관에서 열린 음악회 비룡소 • 신기한 스쿨버스 키즈 13 빛나는 유령의 정체 비룡소 • 공기를 타고 달리는 소리 웅진주니어
			• 빛의 직진 • 그림자	• 신기한 스쿨버스 키즈 6 유령박물관에서 열린 음악회 비룡소 • 신기한 스쿨버스 키즈 13 빛나는 유령의 정체 비룡소 • 공기를 타고 달리는 소리 웅진주니어
		파동의 성질	• 평면거울 • 빛의 반사	• 똑똑 융합과학씨, 빛과 놀아요 스콜라 • 선생님도 놀란 과학 뒤집기 기본 3 거울과 렌즈 성우주니어 • 내일은 실험왕 16 파동의 대결 미래엔아이세움

분야	영역	핵심 개념	내용 요소	권장 도서
화학	물질의 성질	물리적 성질과 화학적 성질	• 물체와 물질 • 물질의 성질 • 물체의 기능 • 물질의 변화 • 혼합물	• 만화로 읽는 주기율표 해나무 • 화끈화끈 화학·번쩍번쩍 반응 생활 속 화학 주니어김영사 • 내일은 실험왕 13 물질의 대결 미래엔아이세움 • 내일은 실험왕 21 변화의 대결 미래엔아이세움
		물질의 상태	• 고체, 액체, 기체 • 기체의 무게	• 앗 뜨거 열이란 무엇일까? 매직사이언스 • 내일은 실험왕 10 열의 대결 미래엔아이세움 • 내일은 실험왕 32 기체와 공기 미래엔아이세움
	물질의 변화	물질의 상태 변화	• 물의 상태변화 • 증발 • 끓음 • 응결	• 신기한 스쿨버스 키즈 1 케이크에 먹히다 비룡소 • 똑똑 융합과학씨 물을 생각해요 스콜라 • WHAT 왓? 열 왓스쿨

분야	영역	핵심 개념	내용 요소	권장 도서
생명 과학	생명 과학과 인간의 생활	생명 공학 기술	• 모방 사례	• 선생님도 놀란 과학 뒤집기 심화 43 생명과학 성우주니어
	생명의 연속성	생식	• 동물의 한살이 • 완전, 불완전 탈바꿈 • 식물의 한살이 • 씨가 싹트는 조건	• 신기한 스쿨버스 키즈 25 꿀호수에 빠지다 비룡소 • 식물이 좋아지는 식물 책 다른세상
			• 동물의 암수 • 동물의 암수 역할	• 선생님도 놀란 과학 뒤집기 13 동물의 행동 성우주니어 • 내일은 실험왕 26 탄생과 성장 미래엔아이세움
		진화와 다양성	• 다양한 환경에 사는 동물과 식물 • 동물과 식물의 생김새	• 신기한 스쿨버스 키즈 14 개미의 먹이가 되다 비룡소 • 신기한 스쿨버스 키즈 21 늪의 괴물이 나타났다 비룡소 • 뒹굴뒹굴 동물 알록달록 생물 주니어김영사
			• 특징에 따른 동물 분류 • 특징에 따른 식물 분류	• 선생님도 놀란 초등 과학 뒤집기 4 생물 분류 성우주니어 • 놀라운 생물의 세계 크래들

분야	영역	핵심 개념	내용 요소	권장 도서
지구 과 학	고체 지구	지구계와 역장	• 지구의 환경	• 초등학생이 읽는 지질학의 첫걸음 사계절 • 부글부글 땅속의 비밀 웅진주니어
		판 구조론	• 화산 활동 • 지진 • 지진 대처 방법	• 내일은 실험왕 15 지진의 대결 미래엔아이세움 • 별똥별 아줌마가 들려주는 지구 이야기 창비
		지구 구성 물질	• 풍화와 침식 • 화강암과 현무암 • 퇴적암	• 신기한 스쿨버스 키즈 29 화산과 함께 폭발하다 비룡소
		지구의 역사	• 지층의 형성과 특성	• 신기한 스쿨버스 키즈 20 고리의 비밀을 찾아라 비룡소 • 그림으로 보는 비글호 항해 이야기 가람기획 • 별똥별 아줌마가 들려주는 공룡 이야기 창비
			• 화석의 생성 • 과거 생물과 환경	• 놓지 마 과학! 3 정신이 공룡에 정신 놓다 위즈덤하우스 • 내일은 실험왕 22 지구의 역사 대결 미래엔아이세움
	대기와 해양	해수의 성질과 순환	• 바다의 특징 • 물의 순환	• 신기한 스쿨버스 키즈 28 물방울로 변한 아이들 비룡소 • 신기한 스쿨버스 5 바다 속으로 들어가다 비룡소 • 세상을 돌고 도는 놀라운 물의 여행 사파리 • 내일은 실험왕 41 해양의 대결 미래엔아이세움
	우주	태양계의 구성과 운동	• 지구와 달의 모양 • 지구의 대기 • 달의 환경	• 별똥별 아줌마가 들려주는 우주 이야기 창비 • 왜왜왜 어린이를 위한 우주 이야기 크레용하우스 • 빅 히스토리 4 태양계를 구성하는 것은 무엇일까? 와이스쿨 • 내일은 실험왕 36 태양과 행성 미래엔아이세움

초등 5~6학년

과학 분야	영역	핵심 개념	내용 요소	권장 도서
물 리	힘과 운동	시공간과 운동	• 속력 • 속력과 안전	• 똑똑 융합과학씨, 힘이 보여요 스콜라 • 한눈에 쏙쏙! 마인드맵 과학: 굉장한 힘과 운동 크래들 • 내일은 실험왕 38 속도와 속력 미래엔아이세움
	전기와 자기	전기	• 전기 회로 • 전기 절약 • 전기 안전	• 선생님도 놀란 과학 뒤집기: 기본 13 자석, 18 전기 성우주니어 • 신기한 스쿨버스 9 전깃줄 속으로 들어가다 비룡소
		자기	• 전자석	• 자석과 전자석, 춘천 가는 기차를 타다 북멘토 • 선생님도 놀란 과학 뒤집기 심화 15 전기와 자기 성우주니어
	열과 에너지	열 평형	• 온도 • 전도, 대류 • 단열	• 초등학생을 위한 맨 처음 과학 4 에너지의 정체를 밝혀라 휴먼어린이 • 모두가 궁금해하는 열과 온도의 비밀 상상의 집 • 온도와 상태를 변화시키는 열 이치사이언스
	파동	파동의 성질	• 프리즘 • 빛의 굴절 • 볼록 렌즈	• 세상을 꾸민 요술쟁이 빛 웅진주니어 • 한눈에 쏙쏙! 마인드맵 과학: 고마운 빛과 소리 크래들

과학 분야	영역	핵심 개념	내용 요소	권장 도서

화
학
	물질의
	성질
		물리적
		성질과
		화학적
		성질
			• 용해
			• 용액
			• 용질의 종류
			• 용질의 녹는 양
			• 용액의 진하기
			• 용액의 분류
			• 지시약
			• 산성 용액
			• 염기성 용액
				• 선생님도 놀란 과학 뒤집기: 기본 27 용해와 용액
				  성우주니어
				• 왜왜왜 집에서 해 보는 교과서 실험 크레용하우스
				• 깜짝 놀라운 과학 24 혼합물과 화합물 주니어김영사
				• HOW? 기체의 비밀을 밝힌 보일:
				  세상을 바꾼 위대한 실험관찰 만화 와이즈만Books
				• 내일은 실험왕 1 산성 염기성 대결 미래엔아이세움
				• 내일은 실험왕 37 용해와 용액 미래엔아이세움

			• 공기	

		물질의
		상태
			• 산소
			• 이산화탄소
			
			• 온도에 따른
			  기체 부피
			• 압력에 따른
			  기체 부피
				• 비주얼 과학 시리즈 탄소는 억울해! 상상의집
				• 프리스틀리가 들려주는 산소와 이산화탄소 이야기
				  자음과모음
				• 선생님도 놀란 과학 뒤집기 32 기체 성우주니어

	물질의 변화	화학 반응	• 연소 현상 • 연소 조건 • 연소 생성물 • 소화 방법	• 화학이 정말 우리 세상을 바꿨다고? 찰리북 • 비주얼 과학 시리즈 화학 변화의 비밀 상상의집 • 내일은 실험왕 30 연소와 소화 미래엔아이세움
			• 화재 시 안전 대책	
		에너지 출입	• 화학 반응이 일어 나려면?	• 브리태니커 만화 백과 3 물질과 변화 미래엔아이세움

생
명
과
학
	생명
	과학과
	인간의
	생활
		생명
		공학
		기술
			• 세균의 이용
			• 첨단, 생명 과학과
			  우리 생활
				• 선생님도 놀란 과학 뒤집기 심화 43 생명과학
				  성우주니어
				• 과학사신문 21C 나노유전 공학 현암사

과학 분야	영역	핵심 개념	내용 요소	권장 도서
생 명 과 학	생물의 구조와 에너지	생명의 구성 단위	• 현미경 사용법 • 세포	• 현미경 속 작은 세상의 비밀 예림당 • New 사이언싱 오디세이 16 세포 휘슬러 • 스토리텔링 과학 교과서 WHAT? 세포 WHAT SCHOOL
			• 세포막 • 세포벽	
		동물의 구조와 기능	• 뼈와 근육의 구조와 기능	• 똑똑 융합과학씨, 인체를 그려요 스콜라 • 빵집 의사의 인체대탐험 사계절 • 뉴턴 하이라이트: 인체 아이뉴턴 • 놓지 마! 과학 4 정신이 소화에 정신 놓다 위즈덤하우스 • 내일은 실험왕 39 영양소와 소화 미래엔아이세움
			• 소화, 순환, 호흡, 배설 기관의 구조와 기능	
		식물의 구조와 기능	• 뿌리,줄기, 잎의 기능	• 똑똑 융합과학씨, 식물을 만나요 스콜라 • 파브르의 식물 이야기 사계절
			• 증산 작용	
		광합성과 호흡	• 광합성	• 엥겔만이 들려주는 광합성 이야기 자음과모음
	항상성과 몸의 조절	자극과 반응	• 감각 기관의 종류와 역할 • 자극 전달 과정	• 과학 공화국 생물 법정 6 자극과 반응 자음과모음 • 내일은 실험왕 17 자극과 반응의 대결 미래엔아이세움
	생명의 연속성	생식	• 씨가 퍼지는 방법	• 빅히스토리 7: 생명은 왜 성을 진화시켰을까 와이스쿨
		진화와 다양성	• 균류, 원생생물, 세균의 특징과 사는 곳	• 브리태니커 만화 백과 20 곰팡이와 이끼 아이세움 • 미생물 세계에서 살아남기 아이세움

과학 분야	영역	핵심 개념	내용 요소	권장 도서
생명과학	환경과 생태계	생태계와 상호 작용	• 생물 요소와 비생물 요소 • 환경 요인이 생물에 미치는 영향	• 생태 환경 이야기 미래아이 • 세상을 움직이는 에너지와 도구 아이앤북 • 놀라운 생태계, 거꾸로 살아가는 동물들 논장 • 선생님도 놀란 과학 뒤집기: 기본 36 환경과 생태계 성우주니어 • 생태계를 지키는 아이들을 위한 안내서 풀과바람 • 신기한 스쿨버스 17 먹이사슬의 비밀 비룡소 • 꿀벌이 사라지고 있다 보물창고 • 내일은 실험왕 35 생태계와 환경 미래엔아이세움
			• 생태계의 구조와 기능 • 환경 오염이 생물에 미치는 영향 • 먹이사슬, 먹이 그물 • 생태계 평형	

지구과학	대기와 해양	대기의 운동 순환	• 습도
			• 이슬과 구름
			• 저기압과 고기압
			• 계절별 날씨
				• 신기한 스쿨버스 키즈 30
				  날씨맨 폭풍우를 만들다 비룡소
				• 초등학생을 위한 맨 처음 과학 5
				  대기와 물의 순환 원리를 찾아라 휴먼어린이
				• 똑똑 융합과학씨, 날씨를 느껴요 스콜라
				• 지구를 숨 쉬게 하는 바람 웅진미디어

	우주	태양계의 구성과 운동	• 태양
			• 태양계 행성
			• 행성의 크기와 거리
				• 놓지 마! 과학 5
				  정신이 태양계에 정신 놓다 위즈덤하우스
				• 놓지 마! 과학 1
				  정신이 달에 정신 놓다 위즈덤하우스
				• 선생님도 놀란 과학 뒤집기 기본 34 태양계
				  성우주니어
				• 내일은 실험왕 36 태양과 행성 미래엔아이세움

			• 낮과 밤 • 계절별 별자리 • 달의 위상 • 태양 고도의 일변화	
		별의 특성과 진화	• 별의 정의 • 북쪽 하늘 별자리	• 신기한 스쿨버스 키즈 22 별을 파는 이상한 아저씨 비룡소 • 초등학생을 위한 빅 히스토리 해나무

중학 과정 이후는 검인정 교과서이므로 출판사마다 단원의 차례가 다를 수 있다. 따라서 중고등학교 과학 교과서 점유율 25.5퍼센트를 차지하는 ○○ 출판사의 단원 구성 내용을 참고해 작성했습니다.(2009 교육과정 비상(임태훈) 교과서 기준)

중학과정 중1

영역별	대단원명	주제	권장 도서
물리	Ⅲ. 힘과 운동	1.힘	• 과학, 이 고비를 넘겨라: 힘과 운동 뜨인돌 • 선생님도 놀란 과학 뒤집기 28 속력, 33 에너지 성우주니어
		2.운동	• 과학 공화국 물리 법정 5 여러 가지 힘, 6 운동의 법칙 자음과모음 • 과학 천재의 비법 노트: 물리·화학 우리학교
	V. 열과 우리 생활	1.열	• 선생님도 놀란 과학 뒤집기 심화 10 열 성우주니어
		2.비열과 열팽창	
화학	Ⅵ. 분자 운동과 상태 변화	1.분자 운동	
		2. 물질의 상태 변화	• 커다란 세계를 만드는 조그만 원자 웅진주니어 • 선생님도 놀란 과학 뒤집기 기본 37 열 성우주니어 • 선생님도 놀란 과학 뒤집기 심화 21 상태의 변화 성우주니어 • 과학 공화국 화학 법정 8 물질의 변화 자음과모음 • 과학 천재의 비법 노트: 물리·화학 우리학교 • 비주얼 과학 시리즈: 열과 온도의 비밀 상상의집
		3. 상태 변화와 열에너지	

영역별	대단원명	주제	권장 도서
생물	IV. 광합성	1.식물의 구성	• 선생님두 놀란 과학 뒤집기 6 식물 성우주니어 • 과학 공화국 생물 법정 5 식물 자음과모음 • 과학 천재의 비법 노트: 생물 우리학교 • 엥겔만이 들려주는 광합성 이야기 자음과모음
		2.식물의 기관	
		3.광합성	
지구과학	II. 지구계와 지권의 변화	1.지구계	• 선생님도 놀란 과학 뒤집기 4 화산과 지진, 19 암석, 24 흙과 모래 성우주니어 • 과학 공화국 지구 법정 4 지표의 변화, 9 바다 이야기 자음과모음 • 신기한 스쿨버스 2 땅 밑 세계로 들어가다 비룡소 • 과학 천재의 비법 노트: 지구과학 우리학교
		2.지권의 구성	
		3.지권의 변화	
	VII. 수권의 구성과 순환	1.육지의 물	• 선생님도 놀란 과학 뒤집기 기본 22 물 성우주니어 • 선생님도 놀란 과학 뒤집기 심화 29 강과 바다 성우주니어 • 과학 공화국 지구 법정 9 바다 이야기 자음과모음

중2

영역별	대단원명	주제	권장 도서
물리	II. 빛과 파동	1.빛	• 선생님도 놀란 과학 뒤집기 3 거울과 렌즈, 33 에너지 성우주니어 • 과학 공화국 물리 법정 3 빛과 전기, 4 소리와 파동, 7 일과 에너지 자음과모음 • 뉴턴 하이라이트: 파동의 사이언스 소리 아이뉴턴
		2.파동	
	VI. 일과 에너지 전환	1.일	• 선생님도 놀란 과학 뒤집기 심화 30 에너지 성우주니어 • 과학 공화국 물리 법정 7 일과 에너지 자음과모음

영역별	대단원명	주제	권장 도서
화학	I. 물질의 구성	1.물질의 기본 성분	• 과학 공화국 화학 법정 2 물질의 구성, 3 물질의 성질 자음과모음 • 빅 히스토리 3 물질을 이루는 원소는 어디서 왔을까? 와이스쿨
		2.물질의 구성 입자	
	V. 물질의 특성	1.물질의 특성	• 선생님도 놀란 과학 뒤집기 2 혼합물 성우주니어 • 깜짝 놀라운 과학 24 혼합물과 화합물 주니어김영사
		2.혼합물 분리	
생물	IV. 소화, 순환, 호흡, 배설	1.소화	• 선생님도 놀란 과학 뒤집기 1 우리 몸 성우주니어 • 과학 공화국 생물 법정 4 인체, 6 자극과 반응 자음과모음 • 한눈에 쏙쏙! 마인드맵 과학: 신비한 우리 몸 크래들
		2. 순환	
		3. 호흡	
		4. 배설	
	VII. 자극과 반응	1.감각 기관	• 신기한 스쿨버스 10 눈 코 귀 피부 속을 탐험하다 비룡소 • 선생님도 놀란 과학 뒤집기 심화 23 뇌, 24 혈액 성우주니어
		2.신경계	
		3.항상성	
지구 과학	III. 기권과 우리 생활	1.기권	• 선생님도 놀란 과학 뒤집기 9 계절의 변화, 14 날씨 성우주니어 • 과학 공화국 지구 법정 3 날씨 자음과모음 • 재미있는 날씨와 기후 변화 이야기 가나출판사 • 보고 듣고 생각하는 날씨의 과학 책속물고기

중 3

영역별	대단원명	주제	권장 도서
물리	Ⅰ. 전기의 발생	1.전기의 발생	• 선생님도 놀란 과학 뒤집기 13 자석, 18 전기, 33 에너지 성우주니어 • 과학 공화국 물리 법정 3 빛과 전기 자음과모음 • 만화로 쉽게 배우는 전자기학 성안당
		2.전기 에너지	
		3.전류의 자기 작용	
	Ⅵ. 일과 에너지 전환	1.일	• 선생님도 놀란 과학 뒤집기 심화 30 에너지 성우주니어 • 과학 공화국 물리 법정 7 일과 에너지 자음과모음
		2.에너지	
화학	Ⅱ.화학 반응의 규칙성	1.물질 변화	• 과학 공화국 화학 법정 4 화학 반응, 6 신기한 금속 자음과모음
		2.화학 변화와 질량 관계	
	Ⅴ.여러 가지 화학 반응	1.산, 염기 반응	• 선생님도 놀란 과학 뒤집기 7 물질, 17 산과 염기 성우주니어
		2.산화 환원 반응	
생물	Ⅳ. 생식과 발생	1.생식과 세포 분열	• 헤르트비히가 들려주는 성과 사랑 이야기 자음과모음 • 교과서보다 쉬운 세포 이야기 푸른숲 • 하나의 세포가 어떻게 인간이 되는가 궁리
		2.수정과 발생	
	Ⅵ. 유전과 진화	1.유전	• 선생님도 놀란 과학 뒤집기 39 유전과 진화 성우주니어 • 과학 공화국 생물 법정 7 유전과 진화자음과모음 • 하리하라의 바이오 사이언스: 유전과 생명공학 살림출판사
		2.생물의 진화와 다양성	
지구과학	Ⅲ. 태양계	1.지구와 달	• 선생님도 놀란 과학 뒤집기 34 태양계 성우주니어 • 과학자가 이야기하는 과학 이야기 54 칼 세이건이 들려주는 태양계 이야기 자음과모음 • 과학 공화국 지구 법정 2 천문 자음과모음 • 빅 히스토리 4 태양계를 구성하는 것은 무엇일까? 와이스쿨
		2.태양계의 구성	
	Ⅶ. 외권과 우주 개발	1.별	• 선생님도 놀란 과학 뒤집기 38 별과 우주 성우주니어 • 과학 공화국 지구 법정 8 별과 우주 자음과모음
		2.은하와 우주	

영역별	대단원명	주제	권장 도서
공통	VIII. 과학과 인류문명	1.인류 문명은 과학과 함께 발전해	• 선생님도 놀란 과학 뒤집기 20 로봇, 25 통신, 40 발명 성우주니어 • 과학 공화국 물리 법정 9 현대 물리학과 양자론 자음과모음 • 과학 공화국 생물 법정 10 미생물과 생명과학 자음과모음 • 빅뱅에서 인류의 미래까지 빅 히스토리 생각정거장 • 과학, 일시정지 양철북 • 하리하라의 과학 블로그 살림출판사 • 하리하라의 과학 24시 비룡소 • 청소년이 알아야 할 과학 이슈 11 동아사이언스
		2.첨단 과학 기술은 우리 주변에 있어	
		3.과학 기술로 미래 사회가 변해	
		4.과학의 발달이 미치는 영향은	

2018년부터 적용하는 고등학교 1학년 통합과학 과정

대단원	중단원	주제	권장 도서
I. 물질과 규칙성	1. 물질의 규칙성과 결합	1.우주의 시작과 원소의 생성	• 코스모스 사이언스북스 • 거의 모든 것의 역사 까치 • 하루 종일 우주 생각 서해문집
		2.지구와 생명체를 이루는 원소의 생성	• 천재들의 과학 노트 2 화학 지브레인 • 호킹이 들려주는 우주 빅뱅 이야기 자음과모음 • 허블이 들려주는 우주 팽창 이야기 자음과모음 • 가모가 들려주는 원소의 기원 이야기 자음과모음
		3.원소들의 주기성	• 라부아지에가 들려주는 물질 변화의 규칙 이야기 자음과모음 • 과학 공화국 화학 법정 4 화학 반응 자음과모음 • 과학 공화국 화학 법정 10 우리 주변의 화학 자음과모음 • 빅 히스토리 3 물질을 이루는 원소는 어디서 왔을까? 와이스쿨
		4.원소들의 화학 결합과 물질의 생성	
		5.우리 주변의 다양한 물질	• 진정일 교수가 풀어놓는 과학 쌈지 궁리출판 • 역사를 바꾼 17가지 화학 이야기 사이언스북스 • 화학으로 이루어진 세상 에코리브르

영역별	대단원명	주제	권장 도서
I. 물질과 규칙성	2. 자연의 구성 물질	1.지각과 생명체 구성 물질의 결합 규칙성	• 과학 공화국 화학 법정 2 물질의 구성 자음과모음 • 왓슨이 들려주는 DNA 이야기 자음과모음 • 리비히가 들려주는 탄소 화합물 이야기 자음과모음 • 쇼클리가 들려주는 반도체 이야기 자음과모음 • 생명과학의 기초 DNA 아이뉴턴 • 재미있는 나노과학 기술 여행 양문출판사
		2.생명체 구성 물질의 형성	
		3.신소재 개발과 활용	
II. 시스템과 상호 작용	1. 역학적 시스템	1.중력과 역학적 시스템	• 줄이 들려주는 일과 에너지 이야기 자음과모음 • 뉴턴이 들려주는 만유인력 이야기 자음과모음 • 볼츠만이 들려주는 열역학 이야기 자음과모음 • 뉴턴 하이라이트: 뉴턴 역학과 만유인력 아이뉴턴
		2.역학적 시스템과 안전	
	2. 지구 시스템	1.지구 시스템의 구성 요소	• 과학 공화국 지구 법정 1 지구과학의 기초 자음과모음 • 베게너가 들려주는 대륙 이동 이야기 자음과모음 • 내가 사랑한 지구 판구조론 휴먼사이언스
		2.지구시스템의 에너지와 물질 순환	
		3.지권의 변화	
	3. 생명 시스템	1.생명 시스템의 기본 단위	• 세포 더숲 • 훅이 들려주는 세포 이야기 자음과모음 • 과학 공화국 생물 법정 7 유전과 진화 자음과모음 • 퀴네가 이야기하는 효소 이야기 자음과모음 • 제너가 이야기하는 면역 이야기 자음과모음
		2.생명 시스템에서의 화학 반응	
		3.생명 시스템에서 정보의 흐름	

영역별	대단원명	주제	권장 도서
Ⅲ. 변화의 다양성	1. 화학 변화	1.지구와 생명의 역사에 변화를 가져온 화학 반응	• 빅 히스토리 6 생명이란 무엇일까? 와이스쿨 • 루이스가 들려주는 산 염기 이야기 자음과모음 • 과학 공화국 화학 법정 5 화학과 생활, 10 우리 주변의 화학 자음과모음 • 선생님도 놀란 과학 뒤집기 심화 9 산화와 환원 성우주니어 • 선생님도 놀란 과학 뒤집기 심화 3 산과 염기 성우주니어
		2.산화와 환원으로 일어나는 다양한 변화	
		3.우리 주변의 산과 염기	
		4.중화 반응의 이용	
	2. 생물 다양성	1.지질 시대의 환경과 생물 다양성	• 과학 공화국 지구 법정 5 지질 시대 7 화석과 공룡 자음과모음 • 다윈이 들려주는 진화 이야기 자음과모음 • 빅 히스토리 8 다양한 동식물은 어떻게 나타났을까? 와이스쿨 • 생명과 진화 동아사이언스
		2.자연 선택과 생물의 진화	
		3.생물 다양성의 중요성과 보전 방안	
Ⅳ. 환경과 에너지	1. 생태계와 환경	1.생태계 구성 요소와 환경	• 빈이 들려주는 기후 이야기 자음과모음 • 청소년을 위한 지구 온난화 논쟁 바오출판사 • 소 방귀에 세금을? 탐 • 페르미가 들려주는 핵분열, 핵융합 이야기 자음과모음 • 맥스웰이 들려주는 전기 자기 이야기 자음과모음 • 에너지와 환경 동아사이언스
		2.생태계 평형	
		3.지구 환경 변화와 인간 생활	
		4.에너지의 전환과 효율적 이용	

영역별	대단원명	주제	권장 도서
IV. 환경과 에너지	2. 발전과 신재생 에너지	1.전기 에너지의 생산	• 페러데이가 들려주는 전자석과 전동기 이야기 자음과모음 • 퀴리부인이 이야기하는 방사능 이야기 자음과모음 • 뉴턴 하이라이트: 수소 에너지와 핵융합 에너지 뉴턴코리아 • 뉴턴 하이라이트: 태양광 발전 뉴턴코리아 • E=mc^2 웅진지식하우스 • 알고 싶어요 미래 에너지 상수리 • Why? 미래 에너지 예림당
		2.전기 에너지의 수송	
		3.태양 에너지의 수송	
		4.발전과 지구 환경	
		5.에너지 문제를 해결하기 위한 인류의 노력	

과학이 공통 과목으로 2015년 개정 교육 과정에 도입되면서 부담을 느끼는 학생과 학부모가 많습니다. 하지만 교육과정을 연계한 독서 활동으로 폭넓게 기초를 다진다면 충분히 대비할 수 있습니다. 이때 고등학생이라고 해서 고등학교 과정 추천 책만 읽어야 하는 것은 아닙니다. 중학교 과정 추천 책이라도 내용이 연관 있을 경우 재미있게 읽으면 됩니다. 기본 개념을 잘 이해하는 것이 중요하기 때문입니다. 교육 과정과 연계된 책을 활용해 아이들이 과학에 대한 흥미와 폭넓은 시야를 갖도록 해보십시오.

우리아이
진로
공부

1판 1쇄 인쇄 2018년 5월 4일
1판 1쇄 발행 2018년 5월 14일

지은이 이주연
발행인 허윤형
펴낸곳 (주)황소미디어그룹
주소 서울시 마포구 양화로26, 704호(합정동, KCC엠파이어리버)
전화 02 334 0173 **팩스** 02 334 0174
홈페이지 www.hwangsobooks.co.kr
인스타그램 @hwangsobooks
출판등록 2009년 3월 20일 제2017-000332호

ISBN 979-11-963699-0-3 (13590)
ⓒ 2018 이주연